消失的远古巨兽

寻找巨型动物的灭绝真相

[美] 罗斯·D. E. 麦克菲（Ross D. E. MacPhee） 著
[澳] 彼得·斯考滕（Peter Schouten） 绘
宋阳 译

END OF THE MEGAFAUNA

The Fate of the World's Hugest, Fiercest, and Strangest Animals

中信出版集团 | 北京

图书在版编目（CIP）数据

消失的远古巨兽：寻找巨型动物的灭绝真相 /（美）罗斯·D.E. 麦克菲著；（澳）彼得·斯考滕绘；宋阳译. -- 北京：中信出版社，2022.3

书名原文：END OF THE MEGAFAUNA: The Fate of the World's Hugest, Fiercest, and Strangest Animals

ISBN 978-7-5217-3236-8

I. ①消… II. ①罗… ②彼… ③宋… III. ①古动物－研究 IV. ① Q915

中国版本图书馆 CIP 数据核字（2021）第 112851 号

消失的远古巨兽——寻找巨型动物的灭绝真相

著者：［美］罗斯·D. E. 麦克菲
绘者：［澳］彼得·斯考滕
译者：宋阳
图书策划：见识城邦
策划编辑：关建 肖雪
责任编辑：曲沛然
营销编辑：金慧霖
封面设计：卓义云天
内文排版：京狮堂
出版发行：中信出版集团股份有限公司
（北京市朝阳区惠新东街甲 4 号富盛大厦 2 座 邮编 100029）
承印者：北京联兴盛业印刷股份有限公司

开本：787mm×1092mm 1/16　　印张：15.25　　字数：249 千字
版次：2022 年 3 月第 1 版　　印次：2022 年 3 月第 1 次印刷
京权图字：01-2020-6528　　书号：ISBN 978-7-5217-3236-8

定价：88.00 元

作者：罗斯·D. E. 麦克菲（Ross D. E. MacPhee）
古哺乳动物学家，1988 年以来在位于纽约的美国自然历史博物馆工作。他走遍世界各地，完成了 50 多次科学考察，足迹远至南北两极。

绘者：彼得·斯考滕（Peter Schouten）
一位自学成才的画家，主攻自然历史插图，曾为多部图书绘制插图，他的作品被全球多家博物馆和艺术馆收藏。

译者：宋阳
毕业于北京大学英语系，从事口笔译工作二十余年，国家一级翻译，业余爱好科普类图书翻译，译有《全球能源大趋势》《30 秒看世界》《太空旅行指南》等。

献给永远善解人意的克莱尔

键足雕齿兽（南美洲）。它背甲上的棕灶巢鸟和脚边的黄颈鹮现存。

我们显然处在地球历史上的一个特殊时期。这是一个动物种类匮乏的世界，那些最大、最凶猛、最奇怪的动物统统在晚近时期消失了……这种情况不是发生在一处，而是遍及地球表面一半以上的地方。多种大型动物骤然灭绝，这无疑是一个不可思议的事实，同时也是一个没有得到充分记述的事实。

——阿尔弗雷德·拉塞尔·华莱士

《动物的地理分布》(*The Geographical Distribution of Animals*，1876 年)

致命刃齿虎（美洲大陆）。

目 录

序言　失落的近时期　III

第 1 章　大　001
第 2 章　“灭绝来得如此突然”　011
第 3 章　人类之前的世界　023
第 4 章　古人类的流散　037
第 5 章　解释近时期大灭绝：最初的尝试　059
第 6 章　保罗·马丁与死亡星球：过度猎杀假说的兴起　073
第 7 章　论战　083
第 8 章　今天的过度猎杀假说　099
第 9 章　尸体何在以及其他反对意见　125
第 10 章　更多质疑：遗传基因的背叛?　137
第 11 章　其他假说：探索无止歇　147
第 12 章　物种灭绝事关重大　163

后记　这些巨型动物能复活吗?　175
附录　对近时期年代的测定　179

术语参考释义　181
动物及人种名称表　189
延伸阅读　201
致谢　203
插图来源　205
尾注　207
参考书目　221

序　言

失落的近时期

正如时下广为人知的各种环境热点问题——海洋污染、森林减少、气候变化、物种濒危、病原体扩散、塑料危机等等——生物大灭绝也受到人们的普遍关注。林林总总的问题让我们难以逃避一个事实：致使物种提早灭绝的各种环境正是人类由古至今、从未罢手的一份又一份“杰作”。我们之前的几代人轻视人类对环境的长期掠夺以及诸多其他问题，因为在他们所处的时代，理解问题所需的事实要么无从获取、难以解释，要么对满足眼前的迫切需求毫无助益，自然无人关心。进入数字时代之后，人类再也不能把无知或无能当作借口，继续无视问题的存在。关于人类在物种灭绝中的作用，我们了解得越多，越是感到绝望彷徨。境况虽已至此，但知识仍是我们采取合理行动必不可少的基础，也依旧是我们唯一的出路。

按理来说，人类与地球生物群（所有生物的总和）相互作用的过往记录本该为我们预测未来提供一些指引。持这种观点的人不在少数，但关键在于我们有没有问对问题。换句话说，我们不仅要问发生了什么，还要问它是如何发生的。

我们知道，考古学和古生物学都尝试记录和解释古代生命的兴衰演化和复杂多样。为了提出正确的问题，我们需要来到这两门学科的交叉地带。《消失的远古巨兽》专门探讨在距今较近的史前时期消失的一大批真正意义上的大型脊椎动物物种，以及与它们有亲缘关系、体型略小的物种。单就任意一个给定区域而言，当时的物种灭绝十分迅速，但放大到全球来看，整个过程持续了几万年，或许至今仍未结束。

大多数科普读物不是假设这些物种灭绝的原因业已盖棺论定，就是浮皮潦草地对待各种不同的观点。本书侧重讲述科学家如何尝试对这些物种的离奇消失做出解释。鉴于质疑和反馈正是科学的应有之义，本书会介绍各种观点有何价值，又存在何种局限。出于讨论效果的考虑，我难免会提到一些技术性较强的概念，但我会尽量以有趣的方式介绍这些概念。受篇幅所限，我仅能覆盖相关学术研究的一小部分，也因此刻意选择并重点讨论那些最吸引我的主题。

多数古生物学家的研究范围都包含远古时期，也就是以百万年计的遥远过去。我主要研究在地质尺度上发生在昨天的事情。本书讨论的这场大灭绝可谓名目繁多：第四纪晚期大灭绝、第四纪冰期大灭绝、晚更新世-全新世大灭绝、人类世大灭绝、巨型动物大灭绝和现代大灭绝。[①] 这是因为具体灭绝事件发生的确切时间并不相同，所强调的方面也存在差异。上述名称的含义多少有些交叉，但因定义者不同而各有侧重，这难免令读者感到困惑。为了避免语言单调和重复，我时常交替使用这些名称，但我个人最喜欢用“近时期大灭绝”这个说法，以便囊括在过去大约 5 万年里消失的所有脊椎动物物种（无论因何灭绝）。“近时期”不是科学家常用的正式地质年代名称，但它的优势在于能将所有相关时期都包含在内。

“近时期”并不比地球历史上的其他时期更可以一概而论，所以我会尽量避免过度概括。本书从头至尾都会将十分晚近（全新世中期至今的 5 000 年）的物种灭绝和较早时期（5 万年前至全新世早期）的物种损失区分开来。科学界普遍认为，十分晚近的物种损失基本上都是人类造成的，但涉及具体物种，我们尚不清楚罪魁祸首到底是外来物种、环境恶化、其他因素还是某些因素的组合。我并没有忽视晚近时期大多发生在岛屿上的物种灭绝，但我的初衷还是探讨近时期里较早消失的物种，因为对后者发生的根本原因目前尚无共识。与晚近发生的物种损失相比，较早时期的物种灭绝因何发生还存在巨大的不确定性，相关的证据极为薄弱，解释的风险也相应更高。

我会把重点放在我亲身工作过的地方，因为我对那些地方以及那里发生的事情最为了解。我也会尝试把其他地方的物种灭绝纳入我的讨论，但在这个过程中，我只能以我个人的方法衡量相关的证据和分析结果，做出取舍。同理，虽然鸟类和爬行动物作为灭绝故事的一部分必然要涉及，但哺乳动物（我的专业领域）依旧是本书的焦点

① 此外，本书还出现了“晚更新世大灭绝”“更新世大灭绝”“更新世末期大灭绝”“第四纪大灭绝”等说法，基本同义。——译者注（如无特别说明，本书所有页下注均为译者注）

所在。

已灭绝巨型动物的世界是一个失落的世界，虽与我们今天的世界不同，但还不至于让我们无从知晓这些巨兽的真实面目和生活样貌。彼得·斯考滕（Peter Schouten）的艺术还原图精美绝伦，写实程度超乎想象，犹如一扇扇明窗，为我们展现这个失乐园无可比拟的多样性。插图的说明文字令这些动物往昔的鲜活形象跃然纸上，绝不会给人以阅读辞典上的干瘪条目之感。帕特丽夏·韦恩（Patricia Wynne）精心绘制的图表和素描，令那些更适于用图像表达的内容一目了然。几乎所有灭绝动物都没有通俗名，而生物学家和古生物学家自然会使用普通人闻所未闻的学名。我在本书中会尽量避免使用生僻的学名，但出于完整性的考虑，插图说明文字会包含正规的生物学名称。①

任何值得参与的科学辩论都必须有一些基本原则。我一贯秉持的原则是，针对给定话题的所有严肃观点都值得倾听，尤其是所提出的证据性或理论性问题对其他观点产生了深刻影响的观点。因此，本书将梳理和审视各种理论的来龙去脉，而不是一口咬定人类过度狩猎、气候变化、火流星、疾病，或者其中某几样甚至其他因素的组合，对近时期这个或那个物种的损失负有责任。话虽如此，我亦明白，对于一场辩论赛，在辩手们完成规定发言之后，观众终归想知道谁胜谁负，或者说哪一方在列举事实和回应对手上更胜一筹。本书会做出裁定，但让我们先来看看证据！

---

① 对于本书出现的现存物种和极少数有中文学名的灭绝物种（如长毛象），译者将使用中文学名，对于尚无中文学名的灭绝物种，译名由译者结合拉丁学名、英文俗名和维基百科译出。拉丁学名将保留在“动物及人种名称表”中，以便读者查询。

第1章

大

图A.1 在1 000年前的马达加斯加南部，一只**巨象鸟**从一对环尾狐猴身边经过。巨象鸟可能重230千克，其鸟蛋最大横截面的周长可达1米。它和它的近亲穆氏巨象鸟的遗骸常见于亚化石遗址，说明这类鸟在当时可能十分普遍。马达加斯加的一些海滩上到处散布着该物种蛋的化石碎片，说明这些巨鸟曾在此筑巢。象鸟可能存活了很久，14世纪初马可·波罗在游记中描述的巨鹏（Roc）或许便是以象鸟为原型，但形态已经严重偏离了原型。

尺寸当然是一个具有相对性的概念。在生物学里，身体尺寸（body size）通常以同一类群下不同物种之间的相似度和差异度来衡量。例如，有孔虫这类单细胞生物遍布全球海洋，以水中大量下沉的有机碎屑为食，大多身长1毫米左右，但有一种有孔虫长达20厘米。在微生物世界里，这种相对较大的有孔虫便有资格被称作巨型生物，而微生物学家正是用这种方法对有孔虫进行分类的。在以人类为比例尺的世界里，大象和巨鲸也有这样的资格，因为它们的尺寸显著大于其他现生哺乳动物。说到这里，读者想必要问，它们为什么这么大呢？从进化角度看，它们过去也这么大吗？

要回答这两个问题，我们首先要明白，从生物学角度来说，仅仅是体型巨大并不足以成为巨型动物[①]。一般说来，体型大的动物具有体型较小的近亲所没有的一系列生理和行为特征，而体型巨大往往与这些特征存在关联，关联程度因物种而异。（我们后面会谈到，体型可以发生惊人的动态变化，比如在相当小的时间尺度上，某些谱系的物种出现过体型变大或变小的情况，这种现象在岛屿环境里尤为多见。）举几个简单的例子。就陆栖哺乳动物而言，大体型给食量巨大的食草动物（比如奶牛）带来优势，因为消化植物物质是一个耗费时间和能量的过程，而单次处理大量食物可以提高消化过程的效率。相比之下，能量密集型的小微食物，比如谷粒、种子、树胶和昆虫，啮齿类等小型物种可以成功加以利用，但大型物种通常无法利用或者无法有效利用。当然，凡事有利有弊。大型物种的宜居环境可能比小型物种更多样，而小型物种一般在每个生育周期里会生产更多的后代。再比如，大型物种的个体寿命通常长于小型物种。

因此，我们应当这样来理解身体尺寸：大体型也好，小体型也罢，还有介于两者之间的任何体型，可能都不过是一种进化策略，因为体型大小完全取决于环境。在几乎所有从化石记录获知信息的环境里，大型物种并不是天生被盖上一枚“加速章”，注定来也匆匆，去也匆匆。平均而言，在任何一个给定的时期里，大型物种消亡的可能性并不高于小型物种，而且多数大规模灭绝事件也没有显示出对体型的特别偏好。鉴于凡是规则必有例外，本书讨论的物种灭绝恰恰就是例外。

任何古生物学讨论都离不开时间和对时间的度量，所以即便有违本意，我还是会使用一些技术性较强的专有名词。表1是一份简明地质年表，列出本书提及的主要地质

① 在第四纪大灭绝研究里，巨型动物通常指体重超过44千克的物种。虽然很多人反对这种一刀切的定义，但因其具有历史适用性，所以本书也将采用这个定义。——作者注

年代。专有名词的含义见本书的“术语参考释义”部分。

表 1　本书使用的地质年表①

<table>
<tr><th></th><th>世或期②</th><th>冰期和间冰期</th><th>年代</th><th>包括</th></tr>
<tr><td rowspan="4">第四纪</td><td>全新世</td><td>当前间冰期</td><td>1.17 万年前至今</td><td>现代：公元 1500 年至今
小冰期：公元 1300—1850 年</td></tr>
<tr><td rowspan="2">晚更新世</td><td>末次冰期</td><td>11 万年前至 1.17 万年前</td><td rowspan="3">新仙女木期：
1.29 万年前至 1.17 万年前

末次冰盛期：
2.7 万年前至 2.3 万年前

近时期：5 万年前至今</td></tr>
<tr><td>末次间冰期</td><td>13 万年前至 11 万年前</td></tr>
<tr><td>中更新世和
早更新世</td><td>至少 4 个冰期和间冰期循环</td><td>260 万年前至 13 万年前</td></tr>
<tr><td></td><td>晚上新世</td><td>更新世之前的冰期</td><td>360 万年前至 260 万年前</td><td>格陵兰冰盖形成于 300 万年前</td></tr>
</table>

位于纽约的美国自然历史博物馆以其古脊椎动物展馆闻名于世。在那里，人类拥有的最直接的证据——化石——为我们讲述脊椎动物的前世今生，从它们在地质年代晚期的出现讲起，一直讲到近现代。参观者当然想看到恐龙化石，但其实还有很多值得一看的灭绝动物。在华莱士哺乳动物厅，你会看到各种已灭绝的哺乳动物的吊装骨架，壮观程度绝不亚于其他化石馆，但不同的是，这里陈列的许多灭绝物种看起来非常眼熟。这不仅是因为它们作为配角频繁出现在故事片、纪录片和动画片里，还因为它们有很多近亲物种存活至今。它们看起来如此真实（至少有些是），仿佛现在就生活在地球的某个地方。讲到这里我要多说两句，因为这里的展品正是本书的全部意义所在。

让我们先来看看展馆这一端最引人注目的两件展品（见图 1.1）：哥伦比亚猛犸象[1]

① 单元格高度与地质年代的跨度无比例关系。第四纪之前的世（epoch）是上新世（Pliocene），约 530 万年前至 260 万年前。——作者注

② 世（stage）和期（age）为地质年代单位，期是世的下一级单位。例如，更新世为一个世，晚更新世为更新世的一个期。

图 1.1　第四纪冰期长鼻目动物：哥伦比亚猛犸象（左）和美洲乳齿象（右），两种标志性的北美洲巨型动物。

和美洲乳齿象。尽管它们最后的共同祖先生活在大约 2 500 万年前，但毫无疑问，它们在形体上都属于长鼻目动物，或者换句话说，它们跟大象长得很像。在距今很近的 1.2 万年前，猛犸象和乳齿象繁盛于北美大陆，大约 1 000 年后，它们全部消失了。有些被困在岛上的长毛象群幸存下来，但到 4 200 年前也死光了。如果换成人类历史纪年，这次灭绝事件相当于发生在古埃及中王国时期和哥伦布发现美洲大陆之前秘鲁卡拉尔（Caral）文明的鼎盛期。人类当然是幸存者，亚洲象和非洲象也是，独独它们不是（见第 6 页方框内文字）。这是为什么呢？

在展馆的其他地方，我们还可以看到贫齿目动物。这是一个现在几乎仅存于南美洲的动物类群，包括犰狳、树懒、食蚁兽和它们已灭绝的近亲物种。现存最大的贫齿目动物是大食蚁兽，可能重 40 千克，而在 1.2 万～1.3 万年前，北美洲和南美洲有好几种贫齿目动物重达 2 000～4 000 千克，巨大的掠齿懒兽（见图 1.2）便是其中之一。掠齿懒兽有巨大的爪子和充满胁迫感的身形，但它很可能是无攻击性的食草动物。它最近的亲戚是二趾树懒和三趾树懒，但这两个属下面的所有种都不超过 5 千克重。树懒存活至今，懒兽却灭绝了。这又是为什么呢？

图 1.2　掠齿懒兽（南美洲）。

如果不能一睹绝迹已久的超级食肉动物，甚至不能在安全距离内远远地看上一眼，那这次更新世之旅岂非乏善可陈？若论凶残可怖的眼神，没有哪种动物能与致命刃齿虎（见图 1.3）相提并论。它有狮子般的身形和无可置疑的力量，甚至还有所有现存大型食肉动物都没有的豪华装备——形如匕首的大犬齿。从人类首次描述致命刃齿虎算起，已经过去了超过一个半世纪，但科学家仍然没有弄清楚它的大犬齿如何在捕食中发挥功用。无论如何，超大尺寸的犬齿必定发挥了某种实用功能，因为与致命刃齿虎基本没有亲缘关系的几种食肉哺乳动物在进化过程中也出现过类似的适应[①]。然而，如果这是一款成功的设计，怎么在今天看不到了呢？

除了这些我们熟悉的巨兽之外，还有许多只有专业人士才认识的

① 适应（adaptation），生物学名词，指生物的形态结构和生理机能与其赖以生存的一定环境条件相适合的现象。

猛犸象上菜单

每当我跟人讲起，我是一名第四纪古生物学家，在西伯利亚和育空（Yukon）这种地方工作时，对方常会问一些令人毛骨悚然的问题[2]，有的问题甚至被好多人问到：

提问者："你发现过猛犸象干尸吗？"

我："发现过。"

提问者："那你吃过猛犸象干尸吗？"

不管我回答"吃过"还是"没吃过"，对方总会倒吸一口气，然后追问"味道怎么样"或者"为什么不吃呢"，没有例外。

这里我要为自己正名——我从来没有吃过猛犸象肉或是在永久冻土带发现的任何一种动物的肉。说到原因，我用另一个问题解释起来或许更容易让人理解。假如你在州际公路边上看到一头被压成比萨饼的鹿，你会吃吗？我猜大部分读者的回答是"不会"。理由很充分：出于诸多原因，这样偶然撞见的"公路比萨饼"恐怕不是好的餐食选择。我见过更新世苍蝇和甲虫的幼虫从猛犸象头骨里"喷涌"而出的情景，它们显然不像我对饮食这般挑剔。这就是第四纪风格的物质循环，在当时对生态系统是有益的。

不论电影里怎么演，这些已变作永久冻土带干尸的动物不是瞬间冻结的，也不是被前进的冰川突然吞噬的。相反，它们只是莫名其妙地死了，就地腐烂的同时被漂移的沉积层掩埋，直到几千年后被人类——或者他们的狗——发现。

据说在被发现的时候，猛犸象的尸体还新鲜得好似妥善保存的冷冻牛肉或马肉。但被发掘出来之后，它们通常散发着恶臭，只有狗才会表现出有胃口的样子。在这幅绘于1866年的亚当斯长毛象（另见图5.3）复原图中，象耳画得过大，象牙卷曲的方向是错的，沿脊背生长的莫西干式鬃毛则是纯粹的臆想。只有对埋藏在永久冻土带里的干尸进行真正的科学研究，我们才有可能修正这样的错误。

图1.3　致命刃齿虎（北美洲和南美洲）。

第四纪物种，包括体型是鸵鸟3倍的不会飞的鸟、跟大猩猩一般大的狐猴和1吨重的蜥蜴（分别见图A.1、图B.1和图B.2）。这些不可思议的巨型动物在各自的本土环境里繁衍了几万年甚至更久，其间平安顺遂，无灾无难。但从大约5万年前开始，一场灭绝风暴来袭，起初只是刮过零星几处，最终席卷了几乎整个星球。在不同时期或不同环境里，物种有时接连消失，有时成批灭亡。很多物种都是这场风暴的受害者，但处在体型图表右端的大型动物立即引起了我们的注意。体型必然是一个重要因素，因为与这些大型动物是近亲，但体型较小的物种熬过了这场灭绝风暴，现在与我们生活在一起。

所以，巨型动物大灭绝为什么会发生？

如果简单诚实地作答，我会说这个问题没有令人满意的答案，起码在我以及其他同样竭力从科学角度作答的人看来，尚无广泛共识。

比起远古时代的物种灭绝[①]，这些灭绝事件发生在距今不远的过去，但这绝不意味着它们就更容易解释，或者与它们相关的证据就更易于处理。尽管我们积累了大量关于灭绝物种的知识，但依旧要依赖直觉、预感、暗示、迹象、可能性和一些半生不熟的想法进行解释。有些人认为自己找到了答案，或者至少确定了一部分物种消失的原因，而有些人尚不肯定。争论仍在继续——跟踪新线索，采纳新证据，摈弃或改造说不通的解释，这可真是第四纪古生物学家的一场盛世！

① 目前认为，在地球的生命进化史上，至少发生过五次生物大灭绝，依次发生在奥陶纪、泥盆纪、二叠纪、三叠纪和白垩纪。

图1.4 爱氏巨狐猴（马达加斯加）。

第2章

"灭绝来得如此突然"

图B.1 图中的方氏古大狐猴曾是马达加斯加最大的灵长类动物，体重可能有160千克，体型相当于一只雄性大猩猩。该物种的遗骸几乎没有被发现，所以各种适应的很多细节仍不清楚。尽管古大狐猴与体型较小的亲戚古原狐猴（见图G.6）一样也有长臂，但古大狐猴是否为活跃的树栖动物尚存疑。它可能从树上"走"过，像红毛猩猩那样每前进一步都要小心翼翼地找准爪子的钩握位置。同理，尽管拥有长臂和钩形爪，但由于体型太大，它无法迅速地悬挂移动。插图右上角是一种现存的小型狐猴——竹狐猴，体重只有2.5千克。

关于原因

我们今天生活的这个世界，包括地理、气候、生物，甚至我们自己在内的一切都在最近 260 万年里经历了多次重塑（见表 1 和术语参考释义）。这里曾是第四纪巨型动物的世界（见图 B.1—图B.4）。正如与查尔斯·达尔文同时代的进化论者阿尔弗雷德·拉塞尔·华莱士所说，其中“最大、最凶猛、最奇怪”的物种在第四纪末期神秘地消失了（见本书开篇题词）。如果把近时期大灭绝看作一个整体，并将其与地质记录里其他重大的物种损失事件进行比较，近时期大灭绝呈现出几个不同寻常的特点。

首先，近时期大灭绝的空间和时间分布十分古怪。大多数大陆和很多岛屿都发生了物种损失，但在不同的地方，物种损失发生的时间差别很大。尽管有些灭绝事件与另外一些相比波及范围更广，但这段时期并没有出现远古大灭绝那样的全球性同步崩溃。有些物种损失快得离谱，时间跨度很小——短则几十年，长也不过几百年而已。对另一些物种来说，灭绝的速度更加难以确定，或者出于某种未知的原因，灭绝的持续时间要长得多。重要的是，无论物种损失发生在何时何地，物种消失的数量都远远超出任何可以想见的本底灭绝速率（孤立物种缓慢且完全自然地走向终结的速率）。

其次，只有陆栖脊椎动物受到了影响，至少我们目前的结论是这样。海洋脊椎动物大多逃过此劫，一直活到现代（近时期里最近这 500 年）。这说明，在过去 5 万年里，导致陆栖动物灭绝的因素没有对海洋动物造成类似的灾难性影响。这期间非脊椎动物的损失情况，我们几乎一无所知。至于这到底是说明了非脊椎动物物种没有损失，还是证实了人类一贯漠视可怜的无骨动物，我们无从判断。

再次，我们又回到了令人好奇的尺寸问题上。近时期大灭绝作为一个整体最离奇的特点是在单个动物群里，体型最大的物种通常受到的影响最大。正因如此，虽然不是所有大型物种都遭了殃，且体型较小的物种也至少受到了一定程度的影响，但近时期大灭绝还是常被称作“巨型动物大灭绝”。我对这种说法不持异议，就像我同样不反对人们把第五次生物大灭绝称为“恐龙大灭绝”，而事实上，在 6 600 万年前蒙难的所有物种里面，非鸟翼类恐龙占比很小。[1] 在近时期，尺寸是一个重要因素，因为要推断全球各动物群里曾生活着哪些物种，尺寸是一个有力的预测指标。但事实上，导致大型物种在某些环境下更易于灭亡的原因并不是尺寸本身，而是多数大型哺乳动物均有的两个生理特征——低生育率和发育缓慢。[2] 如果仅从字面上看，“低生育率动物大灭绝”无论如何也不如“巨型动物大灭绝”那么响亮震撼，所以我会继续使用后面这个人们熟悉的说法。

当然，还是有一些大型非海洋性脊椎动物存活至今，比如大象、鸵鸟和科莫多巨蜥，但比起 5 万年前，也就是近时期大灭绝的起点，现存的大型动物物种可谓凤毛麟角。例如，在当今的北美洲，约有 12 个物种够资格称得上巨型动物，而在近时期大灭绝开始前，至少有 30 多种。[3] 与北美洲的情况相似，南美洲和澳大利亚同样损失了大批陆栖动物物种。令人不解的是，非洲和南亚损失的物种较少，而且物种损失交错发生，前后跨越了几个地质年代。亚欧大陆的北部介于前面两种极端情况之间。大洋洲只有少数几个远离大陆的岛屿适于巨型哺乳动物和鸟类生存。在这些岛上，体型巨大的物种无一幸免，少数几种大型爬行动物（以鳄鱼和龟为主）得以在零星几处存活至今。

这些就是近时期大灭绝的主要规律性特征，我们需要对这些特征做出解释。在这个过程中学界形成了两个派别：一派认为气候变化是物种损失的主因，另一派则将灭绝归咎于人类的花式破坏力。佐证两派观点的内容在逐渐变化，但两派始终有一个根本分歧。气候变化派将人类作用完全排除在外，认为近时期大灭绝，尤其是各大陆的物种灭绝，是令人遗憾的自然力量协同作用的结果。相反，人类影响派认为，环境变化（包括剧烈的环境变化）与绝大多数灭绝事件几乎没什么关系，或者根本毫不相干，人类特别擅长的各种破坏行为才是物种损失的原因（见第 17 页方框内文字）。后一派观点暗示，倘若不是人类的有害活动剥夺了物种寿终正寝的权利，今天的世界会多出几百种动物。在这两派之外，还有中间派和混合派，以及一些指向其他灭绝因素的证据和新奇观点。

气候变化派认为，大自然无意识地毁灭生命，如同一个没心没肺的小孩，摔坏了玩具便若无其事地走开。那时人类即便存在，也只是旁观者，甚至可能是受害者，不会是物种灭绝的主因。如果将人类的迫害视为主因，那么大自然和人类的角色就要颠倒过来。人类才是那个没心没肺的小孩，在万古长存的大自然花园里不分青红皂白地杀戮。这两个极端的派别之间存在着巨大且高度不确定的证据分歧。近时期大灭绝到底为什么发生？因果关系为什么如此难以确定？我们能从近时期大灭绝中收获哪些经验，吸取哪些教训，从而对当下潜在的物种损失做出预测？

图B.2 5万年前，在今南澳大利亚州纳拉库特（Naracoorte）地区（另见图G.4），一只身形庞大的古巨蜥向一只沙袋鼠猛扑过去。这种巨蜥是已知最大的第四纪蜥蜴。栖息在弗洛勒斯岛（Flores）和附近岛屿的科莫多巨蜥是它的亲戚，体型比它小，高度肉食，是现存最大的蜥蜴。古巨蜥的化石十分罕见，我们至今还没有集齐一套完整的骨架。对于纳拉库特地区种群数量天然低的顶级捕食者来说，这种情况不算稀奇。我们依据现有了解对古巨蜥的关键统计数据做出了大胆的猜测——根据体型中程数估算，古巨蜥长5～6米，重300～500千克。对比来看，成年科莫多巨蜥的体重只有70～90千克。

图B.3 图中的爱尔兰巨鹿与驼鹿体型相当，因长着一对惊人的大角而闻名。它的俗名暗示它的存活地仅限于爱尔兰，其实不然。它在更新世的分布范围极广，从西欧一直延伸到中国。爱尔兰巨鹿存活了一段时期，最起码生活在俄罗斯乌拉尔山的那个种群一直坚持到了7 700年前（更新世之后很久）。科学界一直将其灭绝归因于气候变化以及随后缓慢的种群衰落，但一如往常，支持这种观点的证据十分匮乏。爱尔兰巨鹿可能以各种营养丰富的植物为食，比如杂草和嫩芽，在有森林的地方也吃高处的植物。在图中这片被啃食过的草地上，还有一只正在觅食的环颈雉（现存）。

一个尚未成为答案的观点

20世纪70年代，我在加拿大阿尔伯塔大学攻读硕士期间接触了一个令人不安的观点。自那以后，即便我大部分时间都在研究其他课题，但这个观点在我心里始终挥之不去。按此观点，近时期大灭绝就因果关系而言可能在地球历史上是绝无仅有的。严谨无趣的科学语言或许令这个观点听起来不足为奇，但其实这是一个具有突破性的观点。灭绝是一个自然过程，也因此被假定由完全自然的因素导致，比如地外天体撞击地球、海洋氧气枯竭、大规模火山运动等等。这些被认为引发了远古大灭绝的因素有无穷的威力，即便想一想都会让人不寒而栗。但归根结底，这些因素都源于自地球形成以来便不断影响地球的各种自然过程，只是在大灭绝期，普通的自然过程演变成了极端事件。

灭绝能快到何种地步?

物种的消失速度当然没有定律。根据记载，在初始种群规模很大的已灭绝脊椎动物物种中，灭绝速度最快的是旅鸽——从 19 世纪的十几亿只到 20 世纪初的彻底绝种。科学界提出了多个假说来解释旅鸽迅速灭绝的原因，但大多数人都支持过度狩猎假说。[4]

1813 年秋天

1 115 136 000 只

这是当年约翰·詹姆斯·奥杜邦①沿俄亥俄河一日游之后估算出来的种群规模。[5]

1913 年秋天

1 只

1913 年存活的旅鸽数量。这只旅鸽于次年死去。

世界上最后一只旅鸽名叫玛莎，死于 1914 年 9 月 1 日，现安息在美国国家博物馆（Smithsonian Institution，也称“史密森学会”）。博物艺术家帕特丽夏·韦恩在 2014 年 9 月 1 日为它画了一幅肖像，以纪念它离世 100 周年。

① 约翰·詹姆斯·奥杜邦（John James Audubon，1785—1851），生于法国，后移民美国，鸟类学家、博物学家和画家，以研究和描绘全美各种鸟类闻名，25 个新物种的发现者，代表作《美国鸟类》（*Birds of America*）被誉为史上最贵的书。

保罗 · S. 马丁（Paul S. Martin）对近时期发生的灭绝事件持不同见解，而他的解释令我寝食难安。

从 20 世纪 60 年代开始，马丁在一系列有影响的著述中称，近时期大灭绝的发生机制与远古大灭绝完全不同，倘若没有我们智人揭开这部巨型动物灾难片的序幕，近时期大灭绝就不会发生。[6] 他指出，与我们相似的古人类在向世界各地扩散的过程中，可能不断碰到从未与现代人打过交道的物种。这些动物在遭遇人类之初，向人类投去了饥饿的目光。它们完全没有意识到，这种笨拙迟缓、前所未见的直立无羽两足动物会要了它们的命。

马丁在“猎物无知”（prey naïveté）这一术语与时机之间建立了一种颇为刺激的联系。他认为，如果新到一地的人类起初并不具备捕杀大型动物的能力，那么他们必定在一夜之间开了窍，发觉他们能够以远超以往的剧烈程度捕杀这些蒙在鼓里的巨兽，并通过扩大自身的种群规模而获益（这是人类惯用的办法）。正因为人类的过度狩猎或者说过度猎杀（两种说法基本同义，前者强调机制，后者强调结果），这场大屠杀才会如此惨烈，以至于被猎人盯上的物种在遭到打击后一蹶不振，再无恢复的可能。虽然马丁承认发生在不同时间、不同地方的灭绝事件各具特点，但他坚决主张，一定有某些共同的因素在起作用，否则无法解释为什么与人类的首次遭遇对动物来说总是坏事一桩。

按照马丁的观点，还有一个事实也暗示这些物种损失与人类相关，即体型最大的物种灭绝得最快，而且远远快于小型物种。例如，北美洲和南美洲在更新世末期损失了 100 多种哺乳动物，其中四分之三的体重超过 44 千克。许多鸟类（包括美洲大陆上一些最大的猛禽）和爬行动物也是如此。在差不多同一时期，亚欧大陆北部又给大灭绝名录增加了十几种真正的大型动物。早些时候，澳大利亚也“贡献”了一部分巨型动物。当人类最终踏足世界各地的岛屿时，同样的事情反复发生，只是岛屿上的物种损失更加彻底——无论体型大小，统统消失不见。

我们尚无法确定有多少物种在这场全球大灭绝中消失，而且如何界定物种以及如何发现自然界的物种边界都对结果多少有些影响。但我认为，如果把 5 万年前至今的所有已知物种损失都算进去，合理估算结果是 750 ~ 1 000 种脊椎动物。[7] 当然，还有很多在近时期灭绝的物种要么尚未被正式命名，要么还躺在博物馆的抽屉里有待研究。在马丁看来，所有这些动物的消失跟适应、气候和环境均无关，而且它们都消失于首批人类到来之后。正因这种现象反复发生，马丁的过度猎杀假说才如此具有说服力。然而，没有必要认为所有物种损失都是人类直接造成的。比如说，情况也有可能是这样的：人类优先猎杀某些物种，导致这些物种迅速灭绝（如大型群居有蹄类动物），进而影响了以这些物种为食的大型食肉哺乳动物和食腐鸟类的存活。

我发现马丁的观点耐人寻味，但很难评估其正确与否。后来我去马达加斯加、西印度群岛[①]以及西伯利亚和加拿大北部牵头开展野外考察时，才又回到近时期大灭绝这个课题上。这项研究需要发掘和收集过往栖息者的遗骸。在研究过程中，我发现了一些确切的证据，可以佐证马丁的一个观点——这些灭绝物种的存续似乎在近时期被猛然掐断。究竟发生了什么？这是从当时到现在我始终没有搞清楚的问题。这些非同寻常的物种损失真如马丁所言都是人类过度狩猎的结果吗？或者是由其他力量驱动的某种生态崩溃？再或者完全是由我们尚未想到的其他因素造成的？马丁的观点会不会是对的呢？为了正确理解并妥当回答这些问题，我们需要了解一些背景知识，因此在下一章，我将简要介绍塑造近时期世界的主要变化。

---

① 西印度群岛（West Indies）包括巴哈马群岛、大安的列斯群岛（Greater Antilles）和小安的列斯群岛（Lesser Antilles）三部分，后两部分合称安的列斯群岛（Antilles，原书称作 Antillea）。

图B.4　在晚更新世，一头巨大的潘帕斯短面熊正在南美洲南部的潘帕斯草原上缓缓前行。个头最大的潘帕斯短面熊重达1 500～1 750千克，体重是有记载以来最大的北极熊的三倍。更新世的北美洲和南美洲生活着各种各样的短面熊（见图K.4），而后来，除体型适中（100千克）、主要生活在南美洲高地栖息地的眼镜熊（又名安第斯熊）之外，其他种类的短面熊都灭绝了。短面熊可能不是特别喜欢吃肉，它们与今天的多种熊类动物一样是杂食动物。晚更新世的潘帕斯草原比现在更加辽阔、干燥、凉爽。图中还有另外两种动物——有独特扁平背壳的赫氏硬头甲兽（一种雕齿兽）和奇异驼，它们似乎都偏爱半干旱环境。

第3章

人类之前的世界

图C.1　掠齿懒兽（另见图1.2）重达2 000千克，是懒兽进化史上的后来者，这可能是因为在新生代[①]晚期开启的生态位[②]早些时候还不可得。无论如何，在更新世的有利时期，不同种类的懒兽生活在从育空到火地岛、从干草原到安第斯山脉的广阔地域。由于体型庞大，它们不大可能栖息在封闭、稠密的森林里。据我们所知，掠齿懒兽主要生活在南美洲的最南端，但我们在委内瑞拉也发现了它们的化石，这表明它们有时能穿越差不多整个大陆。它们无疑是大食量者，但却发展出了南美洲其他大型食草动物大都没有的适应（比如有力的爪子，或许还有以两足站立的姿势进食的能力），所以能够依靠臂展2米以内的根、块茎、草、杂类草（非禾本草本植物）、水果、树叶等食物生存。图中正在帮助掠齿懒兽抓寄生虫的滑嘴犀鹃现存。

---

① 新生代，从6 600万年前至今，下分三个纪，即古近纪（Paleogene）、新近纪（Neogene）和第四纪。

② 生态位（niche）描述一个物种在生态系统中的位置和作用，包含物种生存所需的各种条件，是物种与生物和非生物环境的所有互动的总和。

第四纪晚期的气候和气候变化

气候作为自然选择的有力驱动因素，在塑造地球生物多样性方面一直发挥着重要作用。但作为一种解释工具，气候变化却面临一个问题：如果气候总在变化，那到底多大的变化才会造成物种灭绝，尤其是造成多个物种同时消失呢？这个问题很难回答，因为需要考虑的变量实际上是无穷的。让我们先来看一些比较容易理解的变量。

关于第四纪，我们首先要知道的是，与新生代的其他时期相比，第四纪的气候相对凉爽。更新世之前的上新世相当温暖，北极无冰，以针叶树为主的北方森林一直延伸到格陵兰岛北部和加拿大以北的北极群岛。[1] 大约 330 万年前，地球发生了一次严重的气候变冷，这表明地球的气候调节发生了一些根本性变化。科学界对此做出了多种解释：新形成的巴拿马地峡①对主要海洋热盐环流模式的影响，温室气体减少，地球相对于太阳的位置和方向的长期循环（米兰科维奇周期），以及上述某些因素或者其他未知因素的叠加作用。[2] 到上新世晚期，北半球的冰盖已经蔓延到北美洲、格陵兰岛和亚欧大陆。几十万年后，气候逆转，地球在一段漫长的间冰期里变得温暖起来。又过了几千年，地球再次进入冰期。在上新世之后的更新世，寒冷期和温暖期照旧交替出现，直到地球进入温暖的全新世，也就是我们现在所处的地质年代。虽然气候循环周而复始，但每次周期的时间跨度和气候条件并不完全相同。为了便于理解，我们不妨把第四纪晚期的气候变化（见图 3.1 和图 3.2）看作一次走遍全球的过山车之旅，一路上的大起大落令沿途的动物们猝不及防，痛苦难当。

---

① 巴拿马地峡形成于约 300 万年前的火山活动，首次将北美洲和南美洲两块大陆用一条永久陆桥连接起来，并触发了所谓的“美洲动物大迁徙”，即两个大陆的本土动物相互扩散，其中包括图 H.3 中的居维氏嵌齿象。

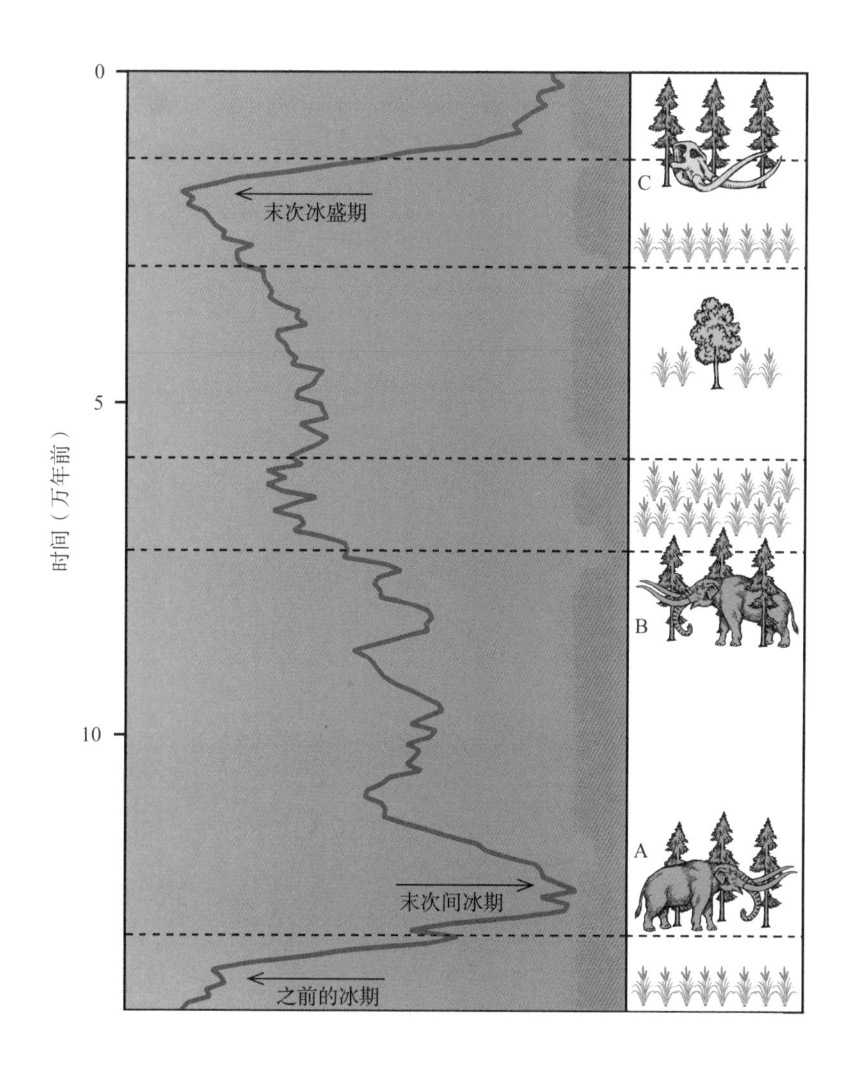

图3.1 过去13万年间的过山车式气候变化：本图代表晚更新世①每年的气温变化，相对凉爽的时期用蓝绿色表示，相对温暖的时期用红色表示。本图还给出了晚更新世最寒冷和最温暖的时期，即末次冰盛期（2.7万年前至2.3万年前）和末次间冰期（13万年前至12.3万年前）。气候变化对动植物造成深刻影响。例如，在整个晚更新世，乳齿象（右列）一直存在于北美洲中纬度地区，直到大约1.17万年前彻底灭绝（A—C）。但在育空和阿拉斯加，它们的消失时间则早很多（B），这可能是因为两地的气候在6万～7万年前开始变冷，它们的首选栖息地北方森林（深绿色植物）被冻原植被（浅绿色植物）取代了。

① 按照作者前文所述和图3.1，此处应为“晚更新世和全新世”。

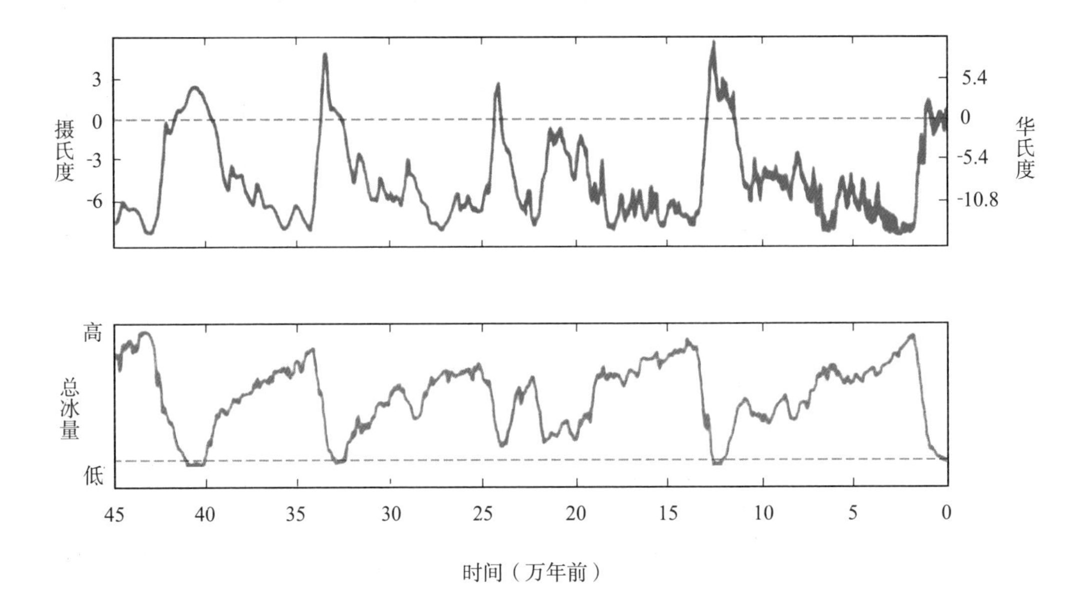

图 3.2　气温和总冰量：第四纪的冰川进退具有很强的周期性，且与气温相关。在过去 80 万年间，冰川完成一次大幅进退的周期约为 10 万年。请注意，第四纪的气温总体低于现在的平均气温（虚线），更新世只有 2% 的时间像现在这样温暖或者比现在温暖。

第四纪冰期时的地球

想要了解第四纪冰期时的地球与现在有什么不同，我们有个好办法——给处在末次冰盛期的地球拍照。（下面是对北半球各大陆情况的概述，特定地区的物种灭绝细节将在后面的章节介绍。）

末次冰期最寒冷的时候是 2.7 万年前至 2.3 万年前的末次冰盛期。那时，北半球大部分地区被冰盖和山地冰川覆盖。北美洲受到的影响尤其严重，其北半部被三个连成一体的冰盖完全覆盖：劳伦泰德（Laurentide，也译“洛朗蒂德”）冰盖以哈得孙湾为中心向外扩张，覆盖了今加拿大东部、中部和毗邻美国的部分；因纽特冰盖以北极群岛的岛屿为中心，与格陵兰冰盖相连；科迪勒拉（Cordilleran）冰盖覆盖了今不列颠哥伦比亚和阿拉斯加南部，并东扩至落基山脉。包括斯堪的纳维亚和俄罗斯北部的欧洲部分在内的亚欧大陆西北部也处于冰层之下。还有一些较小的冰盖分布在世界各地，比如阿尔卑斯山、高加索山，甚至还有非洲的肯尼亚山。[3]

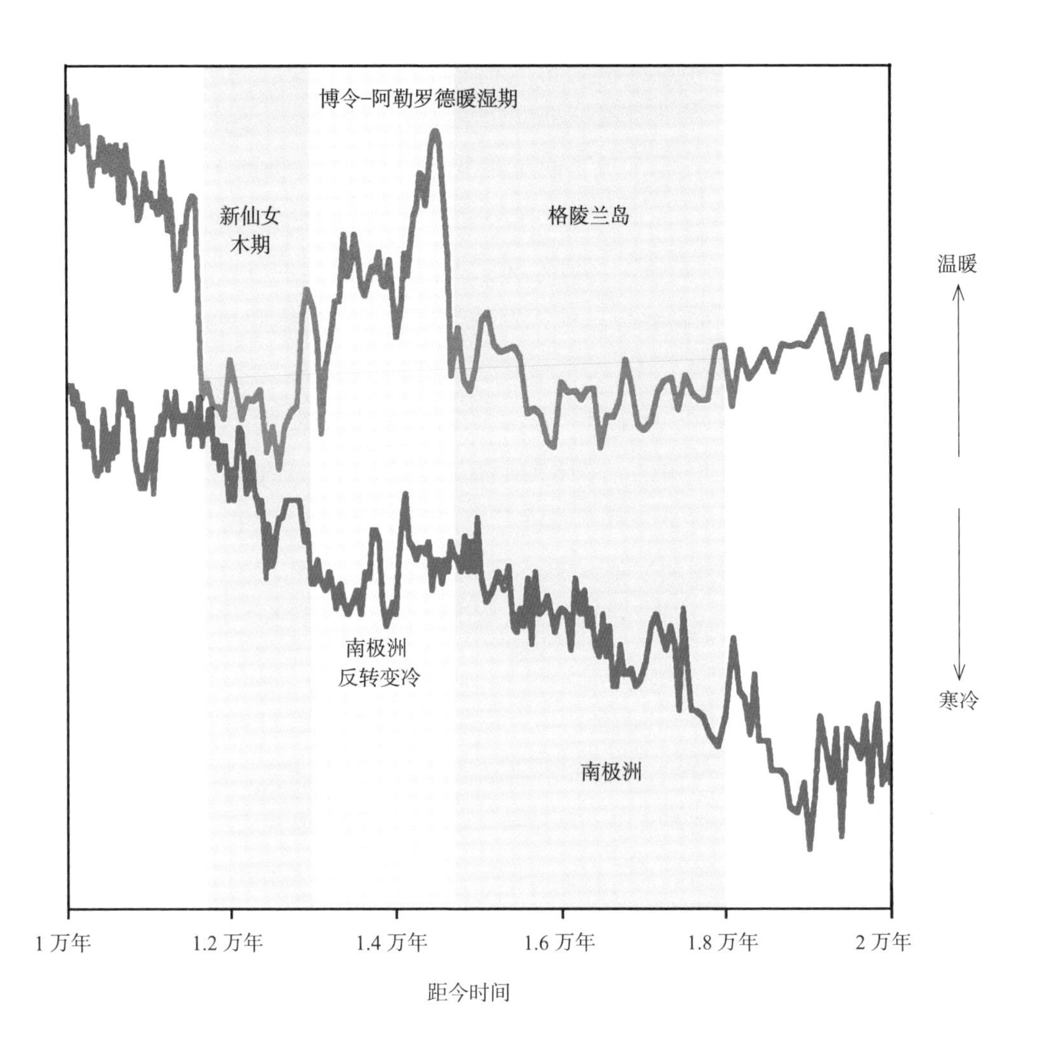

图3.3 两极的冷暖变迁：本图给出距今1万年和距今2万年之间格陵兰岛（红色折线）和南极洲（蓝色折线）的年平均气温（根据冰芯的氧同位素数据得出）。两条折线均显示出气温升高的总体趋势，但南北半球仍有差异。在距今1.5万年前，北半球显著变暖，南半球反而变冷。气温在1.29万年前反转——北半球的气温骤降到末次冰盛期的水平，而南半球逐渐变暖。在1.17万年前，北半球又开始急剧变暖，而南半球基本保持稳定。一些权威人士认为，正是由于这几次急剧的气温变化，同时受人类首次出现的影响，北美洲和南美洲的物种消失时间稍有不同。新仙女木期可被界定为一次海因里希事件（Heinrich event），但漫长的博令-阿勒罗德暖湿期（Bølling-Allerød）通常被视为一个间冰段而不是一次丹斯果-奥什格尔事件（Dansgaard-Oeschger event或D-O event）。

虽然“冰盖”这个术语里有个“盖”字，但冰盖并不是一马平川。冰盖的厚度和表面形状会随降水量和地形起伏不断变化。此外，冰盖将大量地表水封住，造成海平面降低，使全球的大陆架和较小的岛架全部裸露在外。例如，亚洲最东端与阿拉斯加之间的白令陆桥便是在两大洲之间的大片海底裸露时形成的。所谓的白令吉亚（Beringia）作为一个生态区，从西伯利亚中部的泰梅尔半岛（Taymyr Peninsula）向东延伸至育空内陆，可能适合一些特定种类的草、矮灌木和被称为猛犸象草原（mammoth steppe）的杂类草生长。类似植被沿着冰盖南缘生长。

亚欧大陆是最大的大陆，生态环境最为多样化。当时亚欧大陆的大部分中高纬度地区没有冰，但这并不是因为这一带比北美洲北部温暖，而是因为相对缺乏降水。事实上，当时整个亚欧大陆的北部几乎都被极地荒漠和无树草原占据。在低纬度地区，占据了中东和西亚的沙漠大幅扩张，热带森林受到很大的限制。新几内亚和今印度尼西亚的岛屿成为重要的避难所（物种仍有可能生存的地方）。澳大利亚的气候非常干燥，沙漠和草原覆盖了大部分地区。

在末次冰盛期的北美洲，广袤的冰川意味着除了无冰的阿拉斯加中部和育空之外，整个大陆的北半部分都不宜居。在大陆南部，冬季比现在冷得多，夏季凉爽，最东边的三分之一被北方针叶林或者说泰加林覆盖。中央区域是干草原，向西和西南方向逐渐沙漠化。西海岸的大部地区被干疏林占据，今美国西北部太平洋沿岸地区有小片的温带雨林。

墨西哥北部的沿海地带布满茂密的灌木丛林，中部地区非常干燥。墨西哥南部、佛罗里达南部和整个中美洲均以干燥的热带森林和草原为主，湿润的森林仅出现在巴拿马地峡附近。加勒比海诸岛（安的列斯群岛）也以类似的气候条件为主。

1.8 万年前，气候开始变暖，主要栖息地紧随后退的冰川向北移动。随着劳伦泰德冰盖向东退到哈得孙湾，草原和以针叶树为主的北方森林延伸到加拿大，被北边的冻原和东边的温带落叶林包围起来（今天依然如此）。

南美洲的大部分地区靠近赤道，在地形地貌上与北美洲大相径庭，所以气候也不同于北美洲。今天，热带雨林覆盖了墨西哥以南的中南美洲大约三分之一的地方，这是南北美洲在植被上最大的差异。安第斯山脉的部分地区有一些被称为“帕拉莫”（paramo）的垂直冻原或者说高山冻原，但南美洲不像加拿大北部那样有一条横贯东西的大冻原带。巴塔哥尼亚南部是一片干旱的无树草原。温带落叶林、温带雨林和针叶林主要分布在南太平洋边缘的狭长地带。

现在，除了安第斯山脉的局部地区外，大片的干燥栖息地——草原、热带稀树草原和灌丛——主要分布在南美洲的两块区域。一块是奥里诺科（Orinoco）盆地和南美洲西北部，另一块是从巴塔哥尼亚南部到巴西东北部的宽阔地带。亚马孙河流域的热带雨林将这两块较为干燥的栖息地斜向切开。

在末次冰盛期，较低的温度和较少的降水意味着干燥环境大幅扩张。亚马孙河流域的降水量可能比今天少 25% ~ 35%，这导致雨林后退到降水量仍维持在高位的一些地区。南美洲的最南端变得异常寒冷、干燥，但在安第斯山脉的山脊两侧发现了许多晚期的化石遗址，这表明在毗邻安第斯山脉的中纬度地区，气候条件要好一些。

就像北美洲的落基山脉，安第斯山脉支撑着南美洲绝大部分的山地冰川。巴塔哥尼亚冰盖这个小冰盖覆盖了安第斯山脉的南部，并且延伸到裸露的大陆架。巴塔哥尼亚冰盖的最大面积约 48 万平方千米，占 2.6 万年前南美洲总面积的 3%。对比来看，在北美洲，冰盖的最大覆盖面积达到了 1 000 万平方千米，超过北美洲总面积的一半。

尽管晚更新世的气候条件与我们今天所说的正常条件大不相同，但这些以干草原、无树草原和林地为主的栖息地显然适合新世界的大多数巨型食草动物生存，比如北美洲的野牛、猛犸象和乳齿象，南美洲的贫齿目动物、南方有蹄类动物和嵌齿象[4]（见图 H.3 和图 I.5），以及北美洲和南美洲都有的马和骆驼（见图 C.2 和图 I.1）。与亚欧大陆的猛犸象草原一样，新世界也是第四纪化石的高产区，但亚马孙河流域已知的古生物遗址非常稀少，部分是因为我们很难在植被茂密的地区进行古生物学勘探，同时也因为真正的大型哺乳动物不大可能生活在那样的环境里。在末次冰盛期，北美洲的高纬度地区被冰盖吞噬，南美洲的巴塔哥尼亚也已荒漠化。但令人惊讶的是，对干旱条件发展出良好适应的物种，它们的栖息范围反而扩大了。

非洲在近时期没有发生集中的巨型动物灭绝，但这反而使我们的调查更加有趣和重要。简略地讲，在今天的非洲赤道地区，刚果盆地和西非南部沿海地带被热带森林覆盖。从赤道地区向外是草原带和林地，再向外主要是中纬度沙漠，包括南部的纳米布沙漠和北部更大的撒哈拉沙漠。与沙漠地区相接的地中海沿岸和非洲南部沿海地区湿度适中。在第四纪晚期，所有这些栖息地都经历过显著的变化和破坏，但除肯尼亚山、鲁文佐里山（Rwenzori Mountains）这样的高山之外，非洲没有被冰川覆盖。

非洲热带雨林的分布变化是一个很好的例子。在末次冰盛期，先前连续的雨林缩小成散落的小块避难所。同时，草原、稀疏干燥的林地等非森林植被大幅扩张。气候学家认为，在2.2万年前至1.6万年前这段时期，北半球冰川消退，非洲保持相对凉爽和干燥。如果这种假设基本成立的话，那么在这段时期里，非洲的大象、马、犀牛，特别是牛科动物应该生活在接近最佳草场的条件下（见图C.3）。

到1.5万年前，非洲总体上变得温暖湿润，雨林重新扩张。东非在约1.2万年前进入新一轮干旱期，夏季季风气候急剧减弱，湖泊水位下降。这可能与被称为新仙女木期的北半球骤冷期有关。到了全新世之初，湿润条件再次占据主导地位。降水增加，雨成湖（主要由降雨而非河流供水的湖泊）出现，地理景观被改造成草原和灌木，变得适于大型食草动物生活。与此同时，新世界的大型食草动物却正在从整个大陆消失绝迹。

撒哈拉北部和中部有几个可追溯到6 000 ~ 8 000年前的遗址。在这些遗址发现的岩画上有许多我们一眼就可以辨认出来的大型哺乳动物和鸟类，比如大象、水牛、犀牛、猎羚、狮子、鸵鸟等等。[5]这些动物现存，但已不再生活在那里。岩画上的人类常被描绘成拿着武器和诱捕装置、身披伪装的猎人。显然，自更新世-全新世过渡期以来，大型哺乳动物在水源充足的撒哈拉草原上繁衍生息，而猎杀它们并把它们神奇地固定在画作里的人类亦族群兴旺。然而同一时期，懒兽、雕齿兽、嵌齿象等南美洲大型哺乳动物灭绝了。它们不但从干燥的巴塔哥尼亚消失了，而且在亚马孙河流域以及其他所有地方都不见了踪影（见图B.4、图I.3和图K.1）。非洲几乎安然无事。这个反差十分重要。

本章对第四纪冰期的气候和植被进行了必要且简短的介绍。这里，我还想提及人类尚缺乏了解的两种短暂且不规律的气候事件——海因里希事件（变冷）和丹斯果-奥什格尔事件（变暖），因为这两种事件可能对解释某些物种的灭绝十分关键。在这两种事件里，高纬度地区的年平均气温在较短的时间里（几十年至几百年不等）骤升或骤降7 ~ 8摄氏度。气温波动的原因尚存争议，但有证据表明这两种事件在晚更新世都发生过，其中有些发生在非常接近更新世-全新世过渡期的时候。如此剧烈的气温波动看似触目惊心，但我们很难了解其实际影响。首先，两极气温剧变的影响可能会在温带和赤道地区因大气混合而被削弱，对生物的影响也相应变小。此外，在过去的 1 万年里，地球没有发生过强度相当的气温骤变，全新世人类也没有经历过骤寒或骤暖的长期后果。通常被认为发生在公元 1300—1850 年的小冰期实际上不是冰期，甚至不是一次全球同步事件。在那期间，北半球部分地区的年平均气温仅小幅下降 2 摄氏度。这算不上严寒，但在 1780 年冬天，哈得孙河的下游还是结冰了，纽约市民纷纷选择从曼哈顿岛步行到斯塔滕岛。据我们所知，没有任何一种脊椎动物的灭绝能与小冰期联系起来，可是史前时代告诉我们，气候变化可能极其迅速，或许下次我们就没那么走运了……

1.沙斯塔地懒
2.马（现存，另见图H.3）
3.西部驼
4.四角叉角羚
5.哈兰氏地懒
6.大头长腿驼（与图B.4中的奇异驼同属）

图C.2　加利福尼亚南部全景图：洛杉矶的拉布雷亚沥青坑（Rancho La Brea）举世闻名，在晚更新世，无数粗心大意的动物葬身于此。图中的每个物种，沥青坑里都有很多遗骸，有些物种甚至有好几百只。拉布雷亚地区以大型食肉动物闻名，刃齿虎、北美猎豹、短面熊、恐狼等各种各样的动物在此生息繁衍（见图1.3、图F.1和图K.4）。同时，加利福尼亚南部也是多种食草动物的家园。骆驼、马、叉角羚等食草动物原产于北美洲并在北美洲进化了几百万年，但除一种叉角羚现存外，其他几种动物都在更新世末期消失了。（正如马和骆驼在亚欧大陆存活下来一样，大羊驼在南美洲幸存下来。）最近的研究表明，在更新世末期的拉布雷亚地区，夏季干热，冬季少雨，气候与现在没有显著区别，生活在那里的哺乳动物和鸟类应该已经很好地适应了这种气候。[6]

1.黑马羚（现存）
2.白犀（现存）
3.开普巨斑马
4.巨原狷羚
5.亚特兰蒂卡象（与非洲草原象同属非洲象属）
6.平原斑马 （又名普通斑马，现存，另见图G.2和图H.11）

图C.3 非洲南部全景图：在更新世末期，非洲最南端为地中海气候，冬季适度湿润，夏季漫长干燥，与今天那里的气候非常相似。那时，非洲南部生活着各种各样的巨型动物。图中的黑马羚和白犀都是现存物种，但在保护区和禁猎区之外并不常见。平原斑马也是现存物种，但图中这种有独特毛色样式的平原斑马已经消失了。在晚近时期，斑马因被看作家马和家牛的竞争者而被广泛猎杀，但所有斑马种都幸存了下来。图中的巨原猬羚（一只雌性和它的幼崽）和远处山坡上的亚特兰蒂卡象可没那么走运。巨原猬羚活到了1.6万年前，但根据一些作者的说法，它们可能一直活到了全新世早期。它们的遗骸出现在南非的洞穴遗址，而且生时可能是人类的猎捕对象。图中的亚特兰蒂卡象是现生非洲草原象的近亲，但体型比非洲草原象大。尽管大多数化石的年代是中更新世，但我们尚不确定这些物种彻底消失的年代，它们有可能坚持到了晚更新世。

表 2　古人类的流散和首次接触情况表

地区	流散和首次接触
非洲和亚欧大陆	在过去 10 万年间没有发生严重、集中的灭绝事件。物种损失与首次接触不相关（解剖学意义上的现代人最晚于 35 万年前出现在非洲）。
萨胡尔古陆（Sahul）	主要灭绝期为距今 4 万 ~ 4.5 万年。人类在距今 6.5 万年前来到这里，远远早于主要灭绝期。物种损失发生在栖息地的重大变化期。
美洲大陆	人类最晚在距今 1.6 万 ~ 1.5 万年前来到这里，但不排除早于这个时期到达的可能。严重灭绝事件终止于距今 1.1 万年前后，此后几乎没有发生灭绝事件。
地中海群岛	人类在不晚于 1 万年前来到较大的岛屿，但在某些地方（如撒丁岛），人类出现的时间可能早得多。灭绝年代测定严重缺乏，但可以确定，灭绝过程历时数千年，在首次接触之后持续了很久。
安的列斯群岛	人类存在于距今 6 000 年之前。懒兽灭绝始于距今 5 000 ~ 4 000 年前，远远晚于首次接触。
马达加斯加	证明人类存在的考古证据定年在不早于距今 4 000 年前。物种灭绝可能延后至距今 2 000 年前，现代以前最晚的物种损失发生在公元 1600 年。
毛里求斯和留尼汪	公元 16 世纪欧洲地理大发现之前无人居住。在人类定居并引入鼠、家畜等外来物种之后的几十年间，出现物种灭绝。
弗兰格尔岛（Wrangel Island）	人类存在于距今 3 700 年之前，猛犸象在这个时间点前后最终消失，消失原因或许是基因衰退而非其他。
新西兰	人类在公元 1280 年来到这里，其后一个世纪之内发生了物种大灭绝。

第4章

古人类的流散

近时期的物种损失并不遵循统一的模式。在一些岛屿，灭绝发生得很快；在其他岛屿，灭绝速度较慢。从时间跨度上看，美洲大陆的物种灭绝高度集中，但在亚欧大陆和非洲则不然。就数量而言，非洲损失的巨型动物物种最少。

2018年，世界人口为74亿并持续增长，所以我们很难相信曾经有一段时期，这颗行星上并不是每个地方都有我们的存在。人类遍布世界的历程始于早期的流散，并最终给全球动物群和植物群带来灾难性影响（见表2）。本章将集中讨论我们自己这个物种的扩散。让我们先从人类的近亲祖先，也就是人属下统称古人类的其他人种谈起吧，正是他们的旅程为人类最后称霸地球奠定了基础。

非洲、亚欧大陆和萨胡尔古陆

据我们现在所知，人类的进化轨迹始于约200万年前出现在非洲的海德堡人（见图D.1）——古人类谱系中我们这个进化分支里公认的一员。海德堡人首次扩散到亚欧大陆的时间尚不确定，但如果取整数的话，大约不晚于150万年前，因为有证据表明，与海德堡人相似的古人类在那个时期生活在遥远的爪哇岛。如果爪哇古人类如我们猜测的那样拥有船，那么理论上他们能够一路航行到今天的澳大利亚和新几内亚。[1] 目前没有证据表明中更新世的萨胡尔古陆① 存在古人类，所以我们必须假定爪哇古人类没能走那么远。除爪哇岛外，海德堡人还到达了欧洲（首批海德堡人的化石发现于欧洲，这也是种加词 *heidelbergensis* 不含非洲成分的原因）。人们普遍认为，欧洲的海德堡人种群在更新世早期进化出尼安德特人（见图D.2），可能还有丹尼索瓦人。丹尼索瓦人在基因组学和形态学意义上迥异于尼安德特人，目前尚未正式命名。

在尼安德特人出现在欧洲的同时，留守非洲的海德堡人继续进化，并最终进化出我们这个物种——智人。我们拥有非常大的大脑、小嘴巴和纤细的骨骼，是“解剖学意义上的现代人”，与我们古老的先人区别显著（虽然我们的先人也属于人属）。[2] 大约35万年前，解剖学意义上的现代人就已生活在摩洛哥的杰贝尔依罗（Jebel Irhoud）遗址，这比几年前基于当时化石记录的估算至少早10万年。关于我们最近的祖先出现在何时何地，这绝不是最后的结论。

---

① 萨胡尔古陆包括澳大利亚和新几内亚两部分。

图D.1　非洲南部的古人类正在屠宰疣猪。图中的海德堡人正在给一头巨疣猪（已灭绝）剥皮。有趣的是，这种巨疣猪的遗骸常见于不同年代的非洲古人类遗址，这表明猪科动物是古人类摄取蛋白质的重要来源之一。现存的非洲疣猪重50~150千克，符合巨型动物的定义。它们在现代受到了严重迫害，但在非洲撒哈拉以南各地的森林和稀树草原，我们仍能看到它们的身影。

图D.2　一个尼安德特人将一只西方狍（现存）背回家。古生物DNA（脱氧核糖核酸）研究显示，尼安德特人和解剖学意义上的现代人有一个很近的共同祖先，两个人种能够在某种程度上杂交。大约40万年前，体格健壮、眉脊凸显、头骨巨大的尼安德特人出现在化石记录中。大约4万年前，他们神秘地消失了。虽然从工具和居住地遗址可以清楚地看出，尼安德特人猎捕巨型动物（见图I.4），但没有证据表明他们曾导致任何物种彻底灭绝。此外，也没有任何证据表明尼安德特人灭绝于智人之手，尽管几万年来，两者的地理分布有显著的重合。

从大约12万年前开始，高级人种明显沿着至少两个独立的谱系持续存在于今东南亚的岛屿地区：智人和身材矮小的弗洛勒斯人（见图D.3）。[3]可能正是从那里，智人最终在不晚于4.5万年前（或许在更早的6.5万年前）经由巽他古陆（Sundaland，今印度尼西亚中西部岛屿地区，一部分已没入海底，详见第8章）来到萨胡尔古陆。[4]如前所述，这段迁移有一部分必须要坐船，因为即使在低海平面时期，萨胡尔古陆也从未与印度尼西亚西部的岛屿连接起来。很难判断人类最早在哪个年代占领了那里，部分原因在于我们尚未发现最早旅居者的遗骸（见图D.4）。

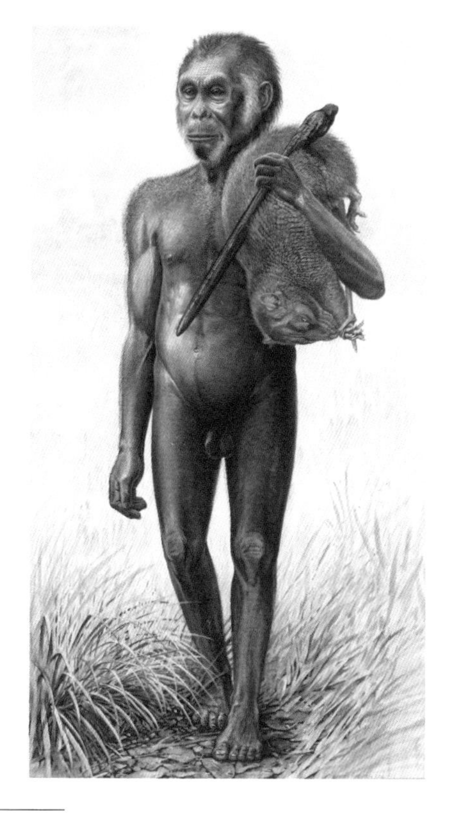

图D.3 自2003年在华莱西亚地区[①]弗洛勒斯岛的梁布亚洞穴（Liang Bua Cave）遗址首次发现"霍比特人"的遗骸以来，弗洛勒斯人与其他人种的关系一直备受争议。弗洛勒斯人的身高只有1.1米。有人认为，这说明弗洛勒斯人是身材矮小、近亲繁殖、患有遗传或发育疾病的现代人。这个观点现已被推翻，但争论仍在继续。一派认为，弗洛勒斯人是同我们有亲缘关系的高级人种，但其谱系为适应岛屿生活经历了体型缩小的过程。另一派则认为，弗洛勒斯人其实源自更原始的人种，比如小脑袋的直立人。无论弗洛勒斯人处于何种进化地位，考古学家已经证明，他们会用火、制造石器，并且猎捕大海龟、弗洛勒斯矮象、费氏巨鼠（见本图）等本土动物。在近时期的开端，也就是智人出现在印度尼西亚的化石记录中之后不久，弗洛勒斯人消失了。

① 华莱西亚地区（Wallacea），亚洲大陆架与澳大利亚大陆架之间被深水海峡隔开的一组岛屿的合称，名称取自阿尔弗雷德·拉塞尔·华莱士。该地区西至马来半岛、苏门答腊岛、婆罗洲、爪哇岛和巴厘岛，向东、向南至澳大利亚和新几内亚，总面积34.7万平方千米。

图D.4 在6.5万年前的澳大利亚南部，一条纳拉库特巨蛇（另见图G.3）和一个人类观察者正在互相打量。这个物种的属名*Wonambi*取自澳大利亚原住民词汇，指梦幻时期的一条巨蟒。[①]有人认为，澳大利亚原住民亲眼见过这种巨蛇，并将它的故事代代相传。它不是蟒，但也是一种身体缠缢类动物，所以它杀死猎物的方式可能与蟒类似。从纳拉库特洞穴（见图G.4）发掘的完整标本显示，纳拉库特巨蛇体长5～6米，重约100千克，有些个体或许要大得多。

考虑到本书的主题，我有必要提及一点：在前现代人或者说非智人人种的扩散过程中，旧世界没有出现任何可识别的巨型动物集中灭绝期，物种损失时有发生，但彼此之间没有明显的关联，与前现代古人类新近到达一地也没有明显的关联。

新世界

证明新世界存在早期人类的证据不足且存在争议，同时在人类首次进入时间上也存在相互矛盾的观点。在过去20年里，考古界公认的、保守的人类首次进入时间变得越来越早——从保罗·马丁首次在著作中提出的约1.2万年前，提前到了现在的约1.5万年前。反对者则称，人类在更早的时期便已存在于新世界。这里，我重点讨论最近的研究及其对灭绝争论的影响。[5]

在20世纪60年代晚期之前，人们普遍认为，人类只有沿着落基

① 梦幻时期（Dreamtime）指澳大利亚原住民神话中古老或超自然生命繁盛的远古时期，这里所说的巨蟒就是原住民神话中的彩虹蟒。

山脉的东坡离开白令吉亚才能进入北美大陆中部，即取道所谓的“无冰走廊”——科迪勒拉冰盖与劳伦泰德冰盖之间裸露的狭长通道。这条走廊允许动物群双向迁移，而且至少原则上允许同一物种的不同种群在北美洲北部保持遗传接触。[6]但若是两个冰盖的边缘接合起来，这种迁移是绝无可能的。最后一次冰缘接合发生在冰盖面积达到最大值的末次冰盛期。多年来，人们一直在讨论这条走廊是何时关闭的以及关闭了多久。最近的研究将最后一段关闭期锁定在2.3万年前与1.34万年前之间，所以基于无冰走廊理论，人类应该在这个区间之前或之后首次进入北美大陆中部。[7]我们在几个有1.34万年历史甚至更古老的考古遗址取得了一些发现，足以让我们排除人类在1.34万年前之后首次进入的可能。在这些遗址中，对我们最有意义的是位于佛罗里达州西北部的佩奇-拉德森（Page-Ladson）乳齿象猎杀场。我们在那里发现了无可置疑的人工制品，而放射性碳测年法得出的最早结果是距今1.45万年。[8]因此，如果人类是沿着落基山脉的走廊路线首次到达北美腹地，那么迁移不可能晚于2.3万年前。我们能找到证据支持这个推断吗？

在北美洲，年代可追溯到末次冰盛期的考古遗址很多，但到目前为止，只有育空北部蓝鱼洞穴（Bluefish Caves）遗址的可信度最高。尽管那里并没有发现比1.3万年更古老的石器，但确实发现了比1.3万年更古老且带有明显切割痕迹的骨骼。[9]最近的放射性碳测年结果显示，最古老的骨骼年龄为2.4万岁。假定对切割痕迹的解释是正确的，那么在该遗址发现的物质表明，人类最晚在末次冰盛期的中期就存在于北美洲北部。然而，这并不构成人类同时出现在北美洲南部的证据。测年结果里最早的时间非常接近无冰走廊关闭的时间，这表明第一批来自亚洲的移民或许没能走出很远，而是久困于白令吉亚的东部。

有一种替代理论认为，人类首次进入北美大陆与无冰走廊完全无关。根据这个理论，人类可以在晚更新世的任意时间乘船沿北美洲西海岸南下，或者沿着太平洋边缘大陆架的裸露部分徒步迁徙。在这种情境里，人类只要绕过冰盖南缘，从今华盛顿州和加利福尼亚州之间的某处就可以进入北美大陆中部，进而到达内陆地区。但即便这种情境属实，无论人类何时首次进入北美大陆中部，佩奇-拉德森遗址的年代都要求人类要么非常非常迅速地从太平洋西海岸迁移到佛罗里达，要么就是早已在北美洲扩散了相当长一段时间。

还有其他一些理论，其中由埃克塞特大学的布鲁斯·布拉德利（Bruce Bradley）和美国国家博物馆的丹尼斯·斯坦福（Dennis Stanford）提出的理论最为大胆。他们认为，人类进入北美洲的入口可能不在西边，而在东边，具体来说应该在加拿大滨海诸省（the Maritimes）或美国新英格兰地区的某个地方。[10] 这一理论的基础假设是，首批移民实际上来自西欧，他们乘船沿着海冰边缘航行到北美洲，相关的确凿证据是北大西洋两岸的梭鲁特文化和克洛维斯文化拥有类似的石器制造方式。这些相似之处确实值得关注，但它们是文化接触甚至移民的证据吗？考古学家普遍认为，它们不过是技术趋同的结果，即两种文化各自独立发明了相似的石器制造方式。除此之外，这个理论还遭到另一个观点的有力驳斥，因为后者似乎使新世界首批人类的身份几乎无可置疑。最近，古生物遗传学家巴斯蒂安·拉玛斯（Bastien Llamas）及其同事收集了取自几十个南美洲前哥伦布时代人类骨骼的遗传证据，以确定这些人类之间的亲缘关系以及他们的祖先进入新世界的时间。根据拉玛斯等人的计算，这些古人类大约在 1.6 万年前到达南美洲，而且明显源自西伯利亚东部而不是西欧的种群。[11] 这一发现没有完全排除早期欧洲人类单独进入北美洲东部的可能，但由于缺乏同等有力的证据，我们最好对梭鲁特假说保持怀疑。

再来看一个更具挑战性的假说——人类存在于新世界的年代比前述观点要早得多，只不过我们直到现在才发现。这可能吗？圣迭戈自然历史博物馆（San Diego Natural History Museum）的史蒂夫·霍伦（Steve Holen）、汤姆·德梅尔（Tom Déméré）和他们的同事显然认为这是可能的。他们最近提出了一个惊人的主张：一具发现于加利福尼亚州南部切鲁蒂（Cerutti）遗址、约 13 万年前的乳齿象骨架带有人类屠宰的证据，或者至少揭示了与折断长骨以获取骨髓相关的准备活动。[12] 在该遗址发现了明显从别处带过来的石器，但没有发现人类处理乳齿象尸体的实物证据。

保存完好的乳齿象残骸在北美洲并不罕见，在东北部和五大湖地区（见图 D.5）尤其常见。北美洲的几个乳齿象猎杀场是无可置疑的，但由于切鲁蒂遗址中乳齿象化石的年代比有脆弱共识的人类首次进入时间早了将近 10 倍，所以考古学家强烈抵制这一假说。还有一些与此相关的推测认为，切鲁蒂遗址的人类也许是尼安德特人或其他古人类，而不是完全意义上的现代人。但这只是用一个难题代替了另一个难题，因为新世界最古老的人类遗骸发现于尤卡坦的一个沉没洞穴遗址，只有约 1.2 万年的历史。[13]

图D.5 处于狂暴状态的乳齿象：除了具有大象的外部特征，美洲乳齿象（另见图1.1）还保留了远古长鼻类动物的许多独特之处，这一点在象牙上尤为明显。它们的食物可能在一年中持续变化，同时有地域差别，但胃含物化石表明，它们主要吃高处的植物。它们的栖息范围很广，在有利时期覆盖了从中美洲到育空和阿拉斯加的广大地区。图中两只雄性美洲乳齿象的备战场景还原自真实的考古发现，包括折断的肋骨、象牙顶戳的证据和在殊死搏斗中锁缠在一起的象牙。现代雄象在处于所谓的“狂暴状态”时睾丸激素水平暴增，急于争夺支配地位，极富攻击性，美洲乳齿象或许也是如此。

切鲁蒂遗址的发现一定有问题，要么是测年结果错得离谱（这不太可能），要么对所谓的人工制品和断骨方式的解释是错误的。

还有一个与此有关的问题。那些最早来到新世界的人类，是不是有些人继续向南走，一直走到了南美洲的最南端呢？考古人员在智利南部古老的蒙特沃德（Monte Verde）遗址发现了人类占领的证据，比如工具、炉膛，甚至还有疑似被屠宰的嵌齿象的遗骸。[14] 人类居住活动的最早时间起初被认定是1.45万年前（这一观点在20世纪80年代发布首批遗址报告时便已引起很大的争议），但根据放射性碳测年法和光释光测年法（见“附录　对近时期的年代测定”）的新近测算，这个时间已经提前到1.85万年前。[15] 如果最新的测算是正确的，那意味着人类在到达北美洲中部之前就已经存在于南美洲南部。这个结论的影响将是惊人的。

若按照这个更早的年代重建周边景观，蒙特沃德遗址可能靠近安第斯山脉南部的冰川，而当时的冰量已经接近 1.8 万年前的最大值。如果事实如此，那就意味着人类占据了一个季节变化强烈、冬季寒冷漫长、难以居住的环境，与白令吉亚没有太大区别。[16] 除了针对占领性质本身的争议之外，蒙特沃德遗址测年结果的表面价值之所以很难被人接受，其真正的原因在于，与加利福尼亚州切鲁蒂遗址的情况类似，在北美洲或南美洲海岸的任何地方都没有发现其他公认的同龄遗址。[17] 在找到南美洲其他早期人类占领的可靠证据之前，蒙特沃德遗址的意义仍然是不确定的。

岛屿

对于大多数岛屿来说，有关人类首次到达的文献记录非常贫乏。因此，动物群崩溃的证据即便存在，也常被用作证明人类存在的替代性证据（proxy，见第 8 章）。将这种做法用于灭绝研究是很危险的，因为这相当于事先假定有待证明的东西是成立的，所以我在本章只是简要提及此类证据。

地中海群岛（见图 D.6）是对星罗棋布在地中海的多个中小岛屿的合称，但此种划分并不意味着这些岛屿拥有相同的地质历史和灭绝历史。地中海群岛包括塞浦路斯岛、克里特岛、西西里岛、科西嘉岛、撒丁岛和巴利阿里群岛（the Balearics）等主要岛屿，以及爱琴海上的许多小岛，那里曾生活着许多现已灭绝的物种。有些大岛在海平面下降期会略微扩张，但除西西里岛之外，其余大岛在整个更新世都没有与周围的大陆相连。因此，最早的人类居住者只能通过水路，耗费很长一段时间逐个登陆。

在不晚于大约 75 万年前，像海德堡人这样的前现代人就生活在欧洲南部。我们在西班牙和其他地方发现了这个年代的遗址。尽管过去有人称撒丁岛和克里特岛曾存在智人以外的其他人种，但证据薄弱。在大多数岛屿上，经过完善分析的最早文化层级被鉴定为新石器时代，这表明人类直到全新世之初才开始在地中海地区广泛定居。[18]

内华达大学的艾伦·西蒙斯（Alan Simmons）认为，在更新世末期的塞浦路斯岛南岸，早期定居者猎捕倭河马，或许还有其他物种。他的证据主要来自阿克罗蒂里-阿伊克雷姆诺斯（Akrotiri Aetokremnos）悬崖洞穴。洞穴内发现了大量倭河马的遗骸，其中一些被烧过，另外还有大量石片和其他人工制品。[19] 很难想象若无人为干预，倭河马怎么（或者为什么）会聚集在洞穴里，但所有遗骸都没有切割的痕迹。人们对地中海群岛其他洞穴遗址的化石也提出了类似观点，但尚未发现人类狩猎的确凿证据。

安的列斯群岛（见图 D.7）包括加勒比海上除特立尼达等大陆架岛屿以外的所有岛屿。自全新世中期以来，在安的列斯群岛多个物种灭绝，但大多数灭绝事件的年代测定十分欠缺。[20] 尽管如此，就最早的人类居住时间而言，这些岛屿显然与新世界的大陆部分形成鲜明的对比。有限的考古证据显示，早期定居者到达古巴、伊斯帕尼奥拉（Hispaniola）和波多黎各的时间不早于 6 000 年前，这比普遍接受的最早居住时间至少晚 8 000 ~ 9 000 年。考古记录十分单薄的牙买加可能直到 1 500 年前才被人类占领。小安的列斯群岛紧邻南美洲北部，似乎也是很晚才有人类定居。

马达加斯加（见图 D.8）是世界第四大岛，位于非洲东海岸以东 450 千米，与安的列斯群岛一样，很晚才有人类居住。[21] 直到最近，人们才普遍认为，南岛人① 在约 2 000 年前首次在这里定居。巨狐猴、巨鸟及其他独特的脊椎动物等所谓亚化石动物群，似乎大都在公元 1000 年前后消失了，但少数（包括至少一种本土河马）延续到了约公元 1500 年欧洲地理大发现之前不久，甚至更晚一些。

剑桥大学已故的鲍勃·迪尤尔（Bob Dewar）对公认的人类首次到达时间提出质疑。他与同事在马达加斯加北部发现了人类居住的证据，而这些证据可以追溯到近 4 000 年前，比之前公认的人类首次到达时间早一倍。这些证据并不起眼，因为正如科学家们所说，它们只是“一些极小物件的少量样本”，大多是在拉卡托尼-阿尼亚（Lakaton'i Anja）遗址和另一处遗址发现的石片。迪尤尔及其同事的初步研究未能揭示这些物件与马达加斯加后来居民的物质文化有任何明显的联系。首批居民遇到了什么？他们只是中途停留吗？他们定居的努力没有成功吗？遗迹并没有提供这方面的信息。

但可以确定的是，此地的人类在距今 2 000 年之前就已经与亚化石动物群互动，因为在该岛西南部的桃兰比比（Taolambiby）遗址发现了被屠宰过、生活在这个时期的河马的骨骼。[23] 近年来又发现了其他被加工过的骨骼，但数量仍然不多。尽管在岛上很多

① 南岛人（Austronesian），东南亚、大洋洲和东非等地讲南岛语系语言的人的总称。据说南岛人是最早掌握航海技术的人类。在 16 世纪殖民时代之前，南岛语系是世界上使用最广泛的语系。

1.马耳他倭河马
2.福氏矮象（另见图J.3）
3.福氏巨天鹅

图D.6　马耳他全景图：许多地中海岛屿使本土哺乳动物和鸟类得以生存，但这些动物都灭绝了。大象、鹿和河马经常出现在此地动物群当中，证明了它们占领岛屿的强大能力。与其他岛屿的情形一样，这里的大型哺乳动物也经历了体型缩小的强大自然选择。图中的福氏矮象跟今天的一匹小马差不多大，而马耳他倭河马与现在的一头大猪一般大。相比之下，适应岛屿的鸟类通常比它们的大陆祖先大得多，部分是因为它们无须为有效飞行而保持小巧的体型，比如福氏巨天鹅可能比现生最大的水禽——北美洲的黑嘴天鹅——还要大四分之一。福氏矮象和马耳他倭河马一直延续到了更新世末期，而人们认为福氏巨天鹅的灭绝时间要早得多。[22]

图D.7　古巴森林景象：在著名的谢戈蒙特罗（Ciego Montero）古生物遗址，绵羊大小的啮齿巨懒正与一只古巴鳄对峙。在第四纪古巴的六种懒兽中，这种啮齿巨懒体型最大。虽然它们可能大部分时间都在地面上活动，但四个大爪子和强壮的四肢让它们有能力挖洞或是进行有限的攀爬。它们的门齿像啮齿动物一样巨大且不停生长，这正是该物种的种加词*rodens*（意为"啮咬"）的由来。为什么会出现这种特化尚不清楚，但这表明该物种对吃坚硬的食物（如块茎和带壳的水果）产生了适应。古巴鳄现存，属于极危物种[①]，喜欢淡水环境，以陆栖为主。在古生物遗址里，灭绝哺乳动物和鸟类的遗骸上偶见独特的圆形穿刺痕迹，那可能便是鳄鱼啃咬留下的。啮齿巨懒在4 000年前仍然存在，其遗骸与文化证据相关的主张从未得到证实。图中还有一种已灭绝的鸟——翅膀退化、不会飞的古巴鹤。

地方都发现了这个时期以及更古老的古生物遗址（无人类存在的证据），但是没有哪个遗址有4 000年那么古老。对人类首次到达时间的最新估计虽然不足以推翻，但至少削弱了马丁关于马达加斯加发生过极速灭绝的观点。

新西兰（见图D.10）由两个大岛和附近的许多小岛组成。两个大岛，即南岛和北

① 依照《世界自然保护联盟濒危物种红色名录》，物种濒危程度由重到轻分为：灭绝、野生灭绝、极危、濒危、易危、低危。还有数据欠缺和未评估两个类别。

岛，分别是世界第十二大和第十四大岛，也是人类最后发现和定居的大片宜居陆地。根据高水平放射性碳记录，人类在公元1280年前后在此定居。与马达加斯加的首批人类定居者一样，这里的原住民毛利人在血统上也属于南岛人。根据最近的估算，他们的种群规模可能不大，或许不超过几十人。[24] 在人类定居后不到一个世纪，30多种鸟类灭绝了，包括所有统称为“恐鸟”的物种（恐鸟不会飞且体型巨大）。在如此短的时间里，其他栖息着大型本土动物群的岛屿没有损失如此多的物种。此外，不同于其他岛屿，我们在新西兰发现了大量证明人类狩猎行为的证据，比如灭绝动物的骨骼有被加工的痕迹，猎杀场里有大量动物的尸体，人类居住遗址有被宰杀动物的残肉，等等。[25] 在恐鸟尚未灭绝的时候，一定程度的森林砍伐可能导致它们濒危，但这种假设可能仅适用于低地区域。总之，在理当发生史前过度狩猎的地方，人们期待发现却始终没有发现的所有规律性特征，都可以在新西兰找到。

其他宜居岛屿遍布热带和温带地区，数量众多，由于篇幅有限，这里无法一一介绍。许多支撑已灭绝地方性脊椎动物生存的岛屿都位于南太平洋，而且与新西兰的情况一样，在过去1 000年里才被人类殖民。还有一些宜居岛屿位于印度洋和大西洋，远离所有大陆。在公元1500年之前，这些岛屿无人居住，甚至连看都看不到。岛上的许多物种没有在其他地方发现过，并且几乎每个岛屿都在人类出现后或早或晚经历了物种损失。

有两个例子可以说明问题。费尔南多·迪诺罗尼亚（Fernando de Noronha）群岛靠近巴西东北部，是大西洋上一个不大的群岛。1503年，一支探险队首次到达那里，但没有定居。据说，著名的制图家和探险家亚美利哥·韦斯普奇（Amerigo Vespucci）是探险队的一员。探险队在主岛上见过一只“大老鼠”，但此后再也没有其他与此相关的记录。美国自然历史博物馆研究员迈克尔·卡莱顿（Michael Carleton）和斯托尔斯·奥尔森（Storrs Olson）基于在该岛发现的化石证据，将这种鼠命名为韦氏鼠，并断定这个物种必定在欧洲地理大发现之后不久就灭绝了，原因或许是黑鼠的竞争或者捕食。韦氏鼠和黑鼠虽然都被称作“鼠”，但它们并非近亲物种。[26]

约公元1513年，葡萄牙舰队首次看到马达加斯加附近的毛里求斯，但同样没有定居。毛里求斯的独特性在于它是世界上唯一的渡渡鸟栖息地。人类在1600年前后在此定居，而最后一次可靠的渡渡鸟目击事件发生在1662年。渡渡鸟的灭绝可能不是人类过度狩猎造成的。有一句难忘的饶舌歌词称“渡渡鸟肉，瘦柴多筋，若论口感，宛如

1.勒氏倭河马
2.马达加斯加倭河马
3.马达加斯加鳄
4.黑腹蛇鹈（类似鸬鹚，现存）
5.格朗氏巨龟
6.穆氏巨象鸟（与图A.1的巨象鸟同科，与图G.6的穆氏象鸟同属）
7.爱氏古狐猴
8.方氏古大狐猴（另见图B.1）

图D.8　马达加斯加西部高地全景图：马达加斯加西部的森林相当开阔，巨大的猴面包树如同孤独的巨人高耸入云，沿河岸形成的森林长廊可能是多种脊椎动物的栖息地和庇护所。与现生的东非河马相比，图中这两种河马的体型较小。马达加斯加倭河马可能是陆栖动物，因此在图中被描绘成沿着河岸吃草，而不是像它的水栖表兄弟勒氏倭河马那样在水里或浅滩上晒太阳。现生的尼罗鳄在亚化石时代似乎无处不在，马达加斯加北部现今仍有它们的身影。图中的马达加斯加鳄是尼罗鳄的亲戚，在1 000年前与其他亚化石动物群一起消失了。爱氏古狐猴（半陆栖动物）一家沿着河岸前往森林觅食，它们头顶上有一只方氏古大狐猴如同熟透的果子那样从树枝上垂下，动作看起来小心翼翼的。更远处有一只巨龟和一群穆氏巨象鸟。水中有只好脾气的倭河马，任凭一只黑腹蛇鹈站在它背上伸展着双翼。在本图的所有动物当中，只有黑腹蛇鹈现存。

图D.9 马达加斯加兽无疑是马达加斯加亚化石动物群的一种奇兽，体型像小狗，不属于巨型动物，没有牙齿，可能跟土豚和食蚁兽一样主要以社会性昆虫为食。外表尚不清楚，本图呈现的样子只有极小的可能性成立——浑身覆盖着鳞片，看似与它基本无亲缘关系的亚洲和非洲现生穿山甲相似。人们在马达加斯加的几个地方发现了马达加斯加兽的化石，但都距人类居住遗址较远，所以人类可能没有猎捕它们。没有任何证据可以揭示马达加斯加兽的灭绝时间，但灭绝很可能发生在公元1500年之前。

球拍”，所以毛里求斯的居民可能不怎么理睬渡渡鸟，但鸟蛋的遭遇大不相同。人类定居后，外来的鼠、猫和猪蜂拥而至，它们可能对渡渡鸟蛋兴趣浓厚。[27] 于是，毛里求斯发生了物种灭绝。这个故事可以反复讲下去——每次换个受害者，或许再换个加害者即可。

1.南岛巨恐鸟（与图J.1的北岛巨恐鸟同属）

2.象足恐鸟或粗壮恐鸟

3.小丛恐鸟

图D.10 坎特伯雷平原（Canterbury Plains）全景图：坎特伯雷平原位于南岛东部，是新西兰最高产的化石区之一。本图聚焦于两只正在跳求爱舞的南岛巨恐鸟，其中体型较大的是雌鸟。有些恐鸟种表现出显著的两性异形，比如雌性个体重达200千克，是雄性个体的2.5倍。在古生物DNA研究揭示这一现象之前，分类学家通常把雄鸟和雌鸟划分为两个不同的物种。在13世纪人类到来以前，晚全新世①的新西兰可能生活着9～12种恐鸟。在两个大岛的各种环境里——从山区到沿海平原，从湿润的森林到干燥的草原——都发现了恐鸟的遗骸，这有力地说明恐鸟在生态上高度多样化，但它们并未因此免于一死。它们很可能在人类到来后的一个世纪之内全部消失了。[28]理查德·欧文②首次引发了科学界对恐鸟的关注，他说："这些笨重的蠢鸟，既不具备逃生和防御的本能，也没有习得足够的逃生和防御手段，想必很快就成了现代毛利人祖先的猎物。"[29]

① 一般认为，晚全新世的起始点为4 200年前。

② 理查德·欧文（Richard Owen，1804—1892），英国生物学家、比较解剖学家和古生物学家。他最早发现恐龙不同于现存的爬行动物，dinasauria（恐龙）一词由他创造，也是他最早发现有蹄类动物的两个自然类别（奇蹄和偶蹄），后文提到的欧文氏忍者龟以他的名字命名。欧文在后期屡将发现新物种的功劳据为己有并因此备受争议，最终因剽窃被英国皇家学会动物理事会除名。

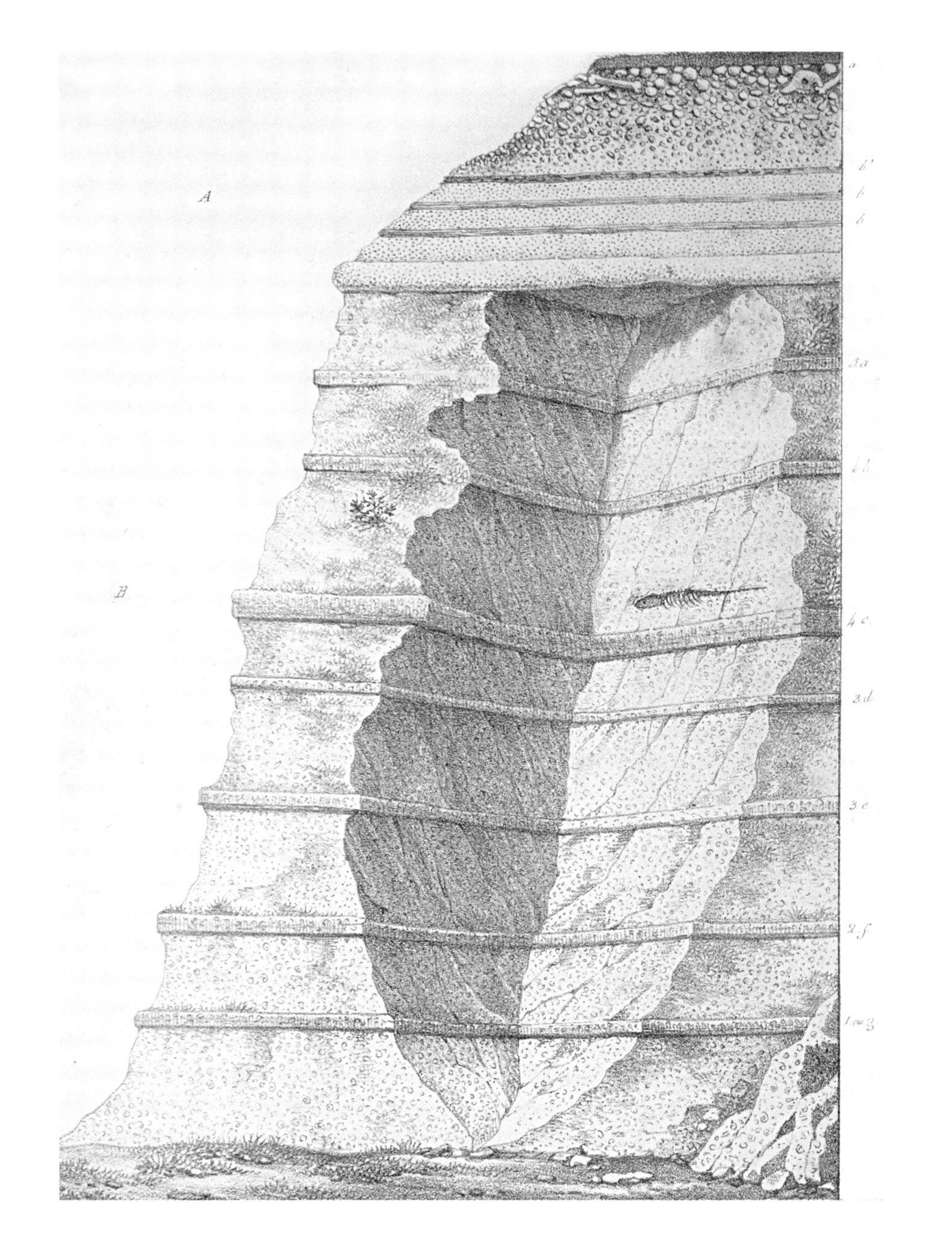
A
B
a
b'
b
b
3.a
4.b
4.c
3.d
3.e
2.f
1 ou 3

第 5 章

解释近时期大灭绝：最初的尝试

图5.1 居维叶的地质革命：居维叶对巴黎盆地进行了详细的地质调查。巴黎盆地位于法国北部，是一处巨大的地壳坳陷，包含多个地质年代的沉积物。通过比较连续地层在组成和所含化石上极其显著的差异，居维叶确信，地球经历了周期性的灾难性环境变化或者说"革命"。这些革命导致大规模的物种更替，即原有物种灭绝，来自别处的物种取而代之。这是巴黎盆地某处的理想化剖面图，中部可见一副大型海洋脊椎动物的骨架。右上角有一个头骨，明显属于一只长鼻目动物，想必巨变发生时，它不巧就待在悬崖边上。居维叶认为，这样的证据表明，此地经历了海陆变迁和地质革命。

主要假说：气候变化和过度狩猎

思想通常都有历史，优秀的思想通常有很长的历史。古人当然遇到过，有时甚至收集过灭绝有机体的化石，但这些化石的意义直到很久以后才为人所知（见下页方框内文字）。即便在相当晚近的时期，人们在思考现代意义上的生物灭绝时，还是把因果关系含混地归结为“自然的”变化。但事实上，18 世纪中叶的一些思想家已经开始思考人类施加的迫害有没有可能是物种损失的主因或辅因。自那以后的 250 年里，人们对各种解释褒贬不一，态度反复。近年来，人类共犯的观点势头渐盛，而透过历史，我们可以把这种观点的形成过程看得清楚明白。（对本章内容以外的细节感兴趣的读者，可以在本书尾注找到许多有用的资料来源。[1]）

环境灾变论的兴衰

18 世纪以前，致力于博物学（当时被称为自然哲学）研究的学者不得不在双重压力下工作。他们要给新出现的古生物学记录赋予学术意义，因为许多生命形式在当时找不到明显的相似物；同时，他们还要让这些复杂的记录与古典文献和宗教教义吻合。到了 18 世纪后期，随着启蒙主义思想逐渐成为学术研究的主导思想，超自然或神秘力量的解释开始被人们抛弃，取而代之的是基于观察做出的解释和越来越多可验证的理论。然而，这个过程漫长而艰苦。

我们可以从乔治·居维叶的灾变论讲起，这是现代自然科学发展初期最有影响的思想之一。居维叶提出了一个著名的主张：地球历史分为若干个漫长的平静期，而平静期之间发生过惊天浩劫（本章开头所说的“革命”），造成了巨大的生物损失以及其他影响（见图 5.1）。

因此，地球上的生命经常遭遇可怕的事件。灾难降临之时，地动山摇，海陆变迁……不计其数的生物罹难。有的被突如其来的洪水卷走，有的因海底瞬间隆起被晒成干尸。它们的族群甚至彻底消失，再无踪影，只留下些许连博物学家都无力辨识的零皮碎骨。[2]

居维叶指出，保存良好的化石记录表明，许多动物类群曾经出现在离它们（或它

独眼巨人与矮象——古生物幻想篇

即使不明所以，古人类也不会忽视时常遇到的巨型动物化石——奇形怪状的石头或者不同寻常的地表形状。独眼巨人的神话可能就源于古人类对神秘事物的尝试性解释。在希腊神话中，独眼巨人属于巨人族，鼻子正上方有一只眼睛，这是独眼巨人最显著的特征。即便在天马行空的希腊神话里，这依然算得上相当离奇的设计。自然界可曾有什么东西能作为独眼巨人的原型吗？地中海群岛的矮象怎么样？如果你喜欢眯眼睛，或许能看出来，人类头骨与这种长鼻动物的头骨隐隐有些相似。当然，这种相似并不是很确切，而且在矮象身上显得很小的象牙，如果放到人的身上也不是很好解释。但古人类坚持眼见为实，认定这个巨大的中心孔里是一只巨眼，不然还能是什么呢？事实上，这个孔就是鼻孔。所有长鼻目动物的鼻孔都位于头的上部，以便容纳长鼻与头部的结合处。人类的眼窝被骨骼包围，眼睛的位置显而易见，但长鼻目动物的眼窝外圈没有骨骼，所以很容易被忽略。

事情会不会是这样：一个古希腊牧羊人四下寻找迷路的羊儿，碰巧在山洞里发现了一个矮象头骨，此事传来传去，莫名演绎成了一段有关独眼巨人族的恐怖传说。倘若换位思考，独眼巨人见到陌生的人类头骨时，想必也会百思不得其解吧！[3]

独眼巨人波吕斐摩斯刚刚发现一个模样古怪、有两只眼睛的矮小物种的头骨，这会儿正拿着自家亲戚的头骨比较着……

们的亲缘物种）今天的栖息地很远的地方，且环境状况明显不同。它们如今不再生活在那些地方，甚至在其他地方也已绝迹，这说明必然发生过什么，而在居维叶看来一定是发生了灾难性事件[①]（见图 5.2）。仅在革命发生前的岩石记录中存在的化石，它们所代表的物种要么消失了，要么离开了这片栖息地。同理，突然出现在岩石记录中的物种只能来自别处。在大灾难中，当地物种灭绝了，而新出现的物种扩大了栖息范围。

图 5.2　环境灾变论

对于自己某些思想中的逻辑矛盾，居维叶并没有尝试去解决。尽管他是最早接受"彻底灭绝确实发生过"这一观点的科学思想家之一，但他依旧承认，或者至少没有否认，地球物种的总数在《圣经》所记载的创世之时就已固定下来。但如果有物种灭绝，那么在居维叶从地质记录中发现的历次革命中，地球生物群必定经历了广泛的缩减。任何进化论都无法解释新物种如何能随时间不断产生，居维叶只好回避

① 在本章中，"灾难性事件""大灾难""革命""地质革命""惊天浩劫""居民革命""可怕的事件"等说法基本同义。

这个矛盾。他说，我们对从前生活在地球上的生物知之甚少，地球的过去仍然是个谜。

然而，这位法国自然哲学家对长毛象的消失做出了明确解释。他读到一些关于西伯利亚猛犸象化石大发现的报告，其中包括有关亚当斯长毛象（见图 5.3）永久冻土干尸的内容。居维叶认为，这些发现表明，该物种（现称“长毛象”）必定是一场他所定义的大灾难的受害者，比如它们可能在一次气候骤冷中灭绝，尸体在极寒的气候中完好地保存下来。他写道：“就在这些动物死亡的刹那，它们的栖息地瞬间冻结。这是一次短暂的突发事件，没有渐变过程。”[4]

尽管“速冻”长毛象的观点已不再成立，但居维叶把长毛象的灭绝与某一独特环境变化联系起来，这体现出他敏锐的洞察力。有宗教倾向的学者对他的地球历史观大加赞赏，并试图用他的灾变论来验证大洪水等《圣经》记述的灾难。[5]然而，这种缺乏批判性的努力与地球各处大量涌现的新地质记录越发背道而驰（见第 65 页方框内文字）。人们发现了完全脱离《圣经》参照系的新大陆、新人类和新物种存在

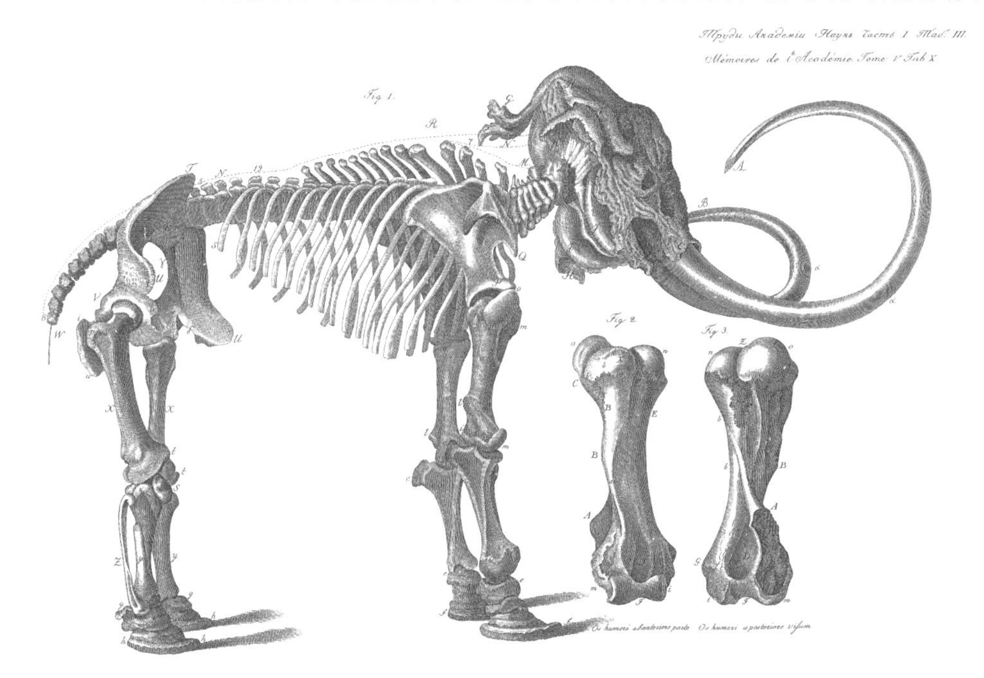

图5.3　1806年，人们在西伯利亚北冰洋沿岸的勒拿三角洲（Lena delta）附近发现了亚当斯长毛象的遗骸。这是迄今为止最完整的成年长毛象标本之一。你可以在位于圣彼得堡的俄罗斯科学院动物博物馆看到这副长毛象骨架，头部和脚部还残留了一些软组织。

的证据，并从此摈弃了古代权威，踏上了独立探索生命史的道路。正是从那时开始，除非收集从实验或观察得来的事实，且所使用的方法可被批判性评价，并可转化为能根据其他事实验证的解释，否则任何努力皆不能被视为科学。这与今天驱动历史生物学各个学科（比如古生物学）的过程是完全相同的。

例如，路易·阿加西[1]对北半球冰川作用所致气候变化的生物学效应进行了研究。他的观点仍属于灾变论，但地质学基础更为牢固。他认为，在欧洲北部发现现仅存于热带地区的物种（比如鬣狗和犀牛），意味着高纬度地区曾经比他所处的时代温暖得多（见图 5.4）。但后来，

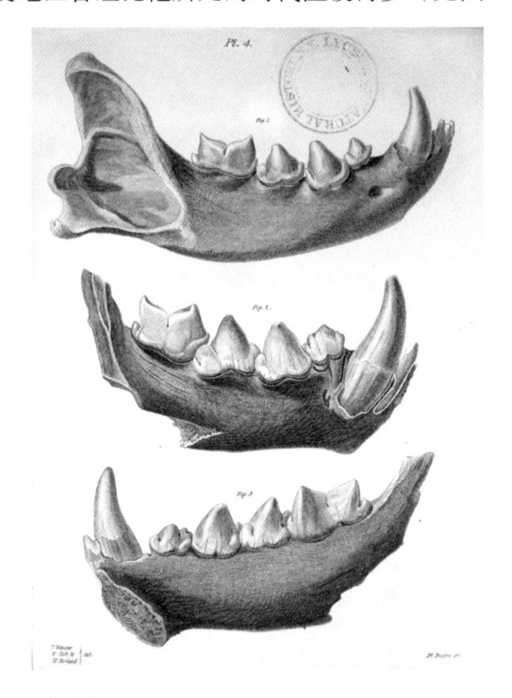

图 5.4 曾经生活在英国的鬣狗：这幅插图由威廉·巴克兰[2]出版，他对现代斑鬣狗的颌骨（本图从上数第一块骨头）和约克郡柯克代尔洞穴（Kirkdale[3] Cave）遗址的更新世洞鬣狗化石进行了比较。两者体型不同，但其他方面非常相似，这表明英国曾经比现在温暖得多。除鬣狗之外，巴克兰还在此地发现了犀牛和河马的骸骨。作为居维叶忠贞不贰而又心思缜密的支持者，巴克兰坚信发生过一次波及全球的大洪水，但他不认为这些动物的骸骨是被洪水从热带地区卷到了英国。后来的研究表明，鬣狗在更新世末期从英国和欧洲消失了，现仅存在于撒哈拉以南的非洲地区。

① 路易·阿加西（Louis Agassiz，1807—1873），瑞士生物学家和地质学家，善观察，在冰川活动和灭绝鱼类等领域有突出贡献，神创论和多祖论者，反对进化论。为纪念他的科学贡献，美国多个山、冰川以及南极的一个海岬均以他的名字命名。同样以他的名字命名的还有一个火星坑、一个月岬和一颗主带小行星。

② 威廉·巴克兰（William Buckland，1784—1856），英国神学家、古生物学家、地质学家，斑龙的发现者和命名者。

③ 原书作 Kirkland，有误。

快来看，快来看！
凶残至极、怪异无比的巨无霸！

首批美洲乳齿象化石是在纽约州阿尔斯特县（Ulster County）发现的。当时的自然哲学家根本不知道那是什么东西的化石，便索性把这些化石的来源物种称为“美洲未知物”（American *incognitum*），倒算得上实事求是。美国知名艺术家和博物学家查尔斯·威尔森·皮尔（Charles Willson Peale）在这个未知物身上看到了商机。他和他的儿子伦勃朗·皮尔（Rembrandt Peale）买下了大部分化石，然后使出浑身解数拼成了一副骨架。1801 年，父子二人把这具准确性值得怀疑的骨架拿到费城博物馆展出。据称，这个未知物活着的时候必定“像悬崖般巨大，似猎豹般凶残，若坠降之鹰般敏捷，如暗夜天使般可怕”。后来，伦勃朗灵机一动：何不把这个未知物搞成食肉动物呢？一定会比食草动物更容易揽客创收。于是，他把象牙反插在牙窝里，让象牙向下弯曲，看起来像两颗发育过度的犬齿。他还推测说，这种动物用象牙“击倒小动物，把贝类动物从河底挖出来，甚至帮助自己从河里上岸”。这可真是有用的适应啊——天生自带两把破冰斧，时不时还能用来撬生蚝。皮尔父子显然是作秀者而非生物学家，但我们从这件事上至少可以明白，我们很难准确推断灭绝动物的行为，尤其是在灭绝动物没有现存近亲的情况下。因此，科学家在重建灭绝动物的行为时，绝不能仅凭异想天开，而是必须运用各种各样且彼此独立的方法，做出合理的推断。[6]

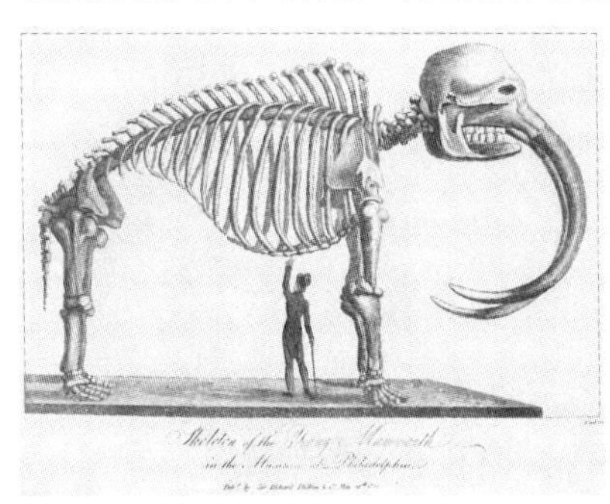

求财心切的皮尔父子胡乱拼凑成这副“美洲未知物”骨架，其中的科学成分少得可怜。直到 19 世纪早期，人们才弄清楚，乳齿象和猛犸象是两种不同的长鼻目动物。因此，这副骨架的说明标签写作“mammouth”，无论是内容还是拼写显然都是错误的①。

① 猛犸象英文名称的正确拼写是 mammoth。

正如阿加西所述：“一场严冬降临我们的星球，肆虐多年……严寒来得如此突然，以至于动物们被困在大块大块的冰雪之下，尸体甚至来不及腐败溃烂。”事实上，这场“肆虐多年”的严冬是一个长达数万年、名副其实的冰期。阿加西是最早确立这个事实的学者之一。[7]

阿加西认识到冰期对生物群和地理景观的影响，这是观察和归纳推理的一次全胜。他指出过去发生过一次达到“居氏革命”水平但混乱程度较低的灾难，这给生物学和地质学思考带来了深远的影响。[8]然而在19世纪，随着时间的推移，灾变论的影响急剧下滑，这是因为一个新的观点从根本上重新定义了自然过程产生作用的时间尺度。居维叶等灾变论者认为，地质革命散布于鲜有或没有变化的漫长平静期之间，而岩石记录是这些零星革命的产物。詹姆斯·赫顿（James Hutton）和后来的查尔斯·莱尔（Charles Lyell）则提出，岩石记录并非一夜之间由大冰冻或者大洪水塑造，它们的形成过程与我们今天司空见惯的水蚀、风化等自然过程一样缓慢无情，这就是“均变论”（uniformitarianism）。莱尔将现在视作通往过去的关键，这种观点主导了后来的地质学和生物学思考，其中也包括新生的进化科学。

莱尔从他的地质学思考出发，认为生物灭绝主要或者纯粹是物种逐渐淘汰的过程，这背后的驱动力是气候渐变。受其观点的强烈影响，查尔斯·达尔文也认为，灭绝是一个渐进的过程，但他强调自然选择、种间竞争等生物因素的辅助作用。达尔文并不想去探究环境在生物灭绝中扮演的角色，他的初衷是奠定一个基础，进而理解环境在驱动生物进化中有何作用，但他肯定已经意识到，两者在生命史上的重要性是密不可分的。按照达尔文的观点，灭绝可能导致一个谱系彻底毁灭或者进化成一个新物种，但他反对同时发生大规模灭绝的观点，因为大量物种同时消失带有灾变论的意味，而他从根本上反对灾变论。尽管他不得不解释某些远古动物类群（如三叶虫和恐龙）的消失原因，但他的解释还是严格遵循莱尔派的主张，即它们的灭绝经历了相当长的时间跨度。此外，达尔文还认为，尽管不连续地质剖面提供的证据显示，这些类群中的物种似乎是同时消失的，但在彻底灭绝前，有的物种可能在我们尚不知晓的某些地方或某段时期坚持了一阵子。或许，真的存在“某种凌驾于尘世之上的宏伟机制”主宰着物种的生死存亡。[9]

人祸

如前所述，不论将近时期大灭绝归因于气候变化，还是把人类与近时期大灭绝联系起来，这两种思考都由来已久。不同的是，后一种思考经年累月才演变成对人类共犯的严肃探究，这不外乎是因为“人类与灭绝已久的巨型动物共存”（见图 5.5）这一想法有悖于人们的宗教情感，在某种程度上阻碍了后一种思考的发展。然而，人类遗迹与灭绝动物之间无可置疑的关联一经发现，人们的态度立时转变。

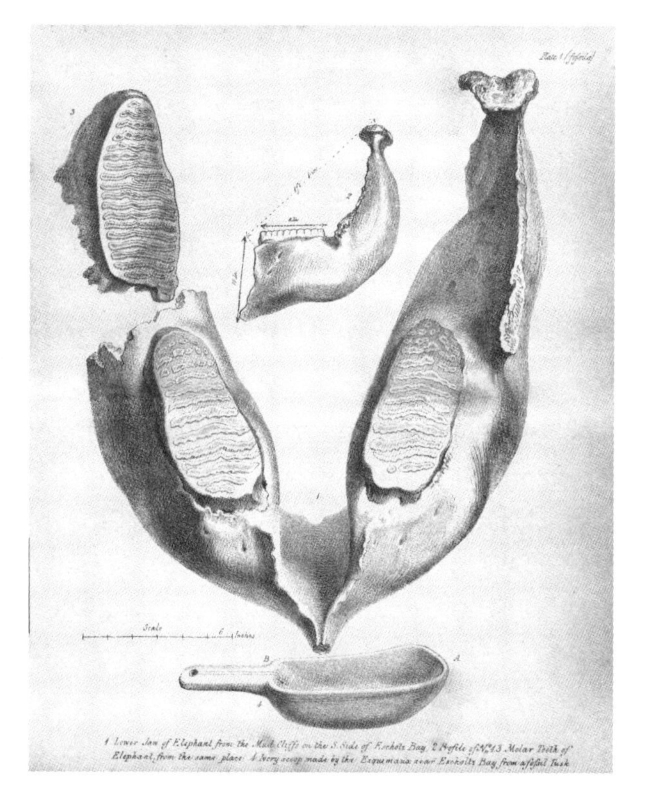

图5.5 大象和懒兽曾生活在北极：1826年，一支英国探险队在阿拉斯加西海岸的埃斯霍兹湾（Escholtz Bay）登陆并短暂停留。探险队在那里收集到第一批北美洲北极巨型动物的遗骸。后来，这些遗骸被送到大名鼎鼎的洞鬣狗发现者威廉·巴克兰那里去鉴定，并得到了适当的描述。巴克兰准确辨认出所有常见疑似物种的骨骼和牙齿，比如猛犸象、野牛、麝牛、马和驯鹿，但即使博学如他也被其中一个样本难倒了。那是一截椎骨，可能属于杰氏巨爪地懒，现在我们知道这种动物生活在间冰期遥远的北方。巴克兰认为，这些已灭绝的哺乳动物必定是在一次深度骤寒中灭绝的，“主张它们是被人类征服和消灭的论证必定是徒劳无功的，因为就算在欧洲勉强存在这种可能，人类也绝不可能对亚洲北部广袤的荒野施加这样的影响，在广阔的北美森林也同样做不到”[10]。图中有一个人工制品——“因纽特人用象牙化石制成的勺子”，是贸易所得且制作年代很新。

具有讽刺意味的是，正是渐进主义者的头号代表人物莱尔最早提出了有力的论据，证明人类的确是第四纪冰期大灭绝的参与者。尽管他之前质疑古人类与巨型动物共存的可能，但到了19世纪60年代，两者在时间上重叠的证据已无可辩驳。在《人类古代性的地质证据》（*Geological Evidences for the Antiquity of Man*）一书中，他承认了这一点并称：

> 我们可以假定，出现在上新世之后（更新世）的地层里但已从晚近时期动物群中消失的大量野兽，经过了漫长的时间才逐渐灭绝或局部灭绝，因为我们知道，在我们所处的这个时代，即使借助火器，彻底消灭一种令人厌恶的四足动物（比如狼）仍旧是一个冗长乏味的过程……然而，我们必须承认，人类日益强大起来，完全可能成为上新世之后许多物种消失的原因之一。[11]

尽管如此，莱尔并不是纯粹的过度猎杀派。在他看来，人类迫害是巨型动物灭绝的辅助原因，而不是唯一原因。他还主张，灭绝的过程并不迅速。

> 还有比人类作用更常见也更强大的因素，比如气候变化，多种脊椎动物、无脊椎动物和植物的栖息范围扩张或收缩，以及陆地和海洋的高度、深度和面积的变化。事情很可能是这样的：在漫长的岁月里，一些或者所有这些因素叠加起来，导致许多大型哺乳动物（和其他哺乳动物）灭绝了。[12]

把杂七杂八的因素全都塞进候选清单之后，莱尔肯定思考过一个问题：究竟是什么原因使这些物种损失要么超出人类的理解，要么隐晦到无从解答？

也许令人惊讶的是，在人类活动是否构成近时期物种灭绝的主因这一问题上，达尔文的立场并不鲜明。正如华盛顿大学考古学家唐·格雷森（Don Grayson）指出的，莱尔终归还是接受了人类迫害作为欧洲和北美洲巨型动物损失的一种解释。达尔文当然清楚这一点，但他直到最后也不明白为什么有些物种会灭绝。他坦诚地写道："我们无须为物种灭绝感到惊讶。如果一定要惊讶，那就让我们惊讶于人类自身的狂傲吧，竟然妄图理解每个物种赖以存续的、纷繁复杂的机缘巧合。"[13]

华莱士与达尔文同处一个时代。在达尔文的盛名笼罩之下，华莱士对进化生物学的贡献常被世人忽视。华莱士是一个多面而又矛盾的人。他是出色的观察家，却相信天使的存在。他在临终前认为，进化的主导者其实不是他原先以为的自然选择，而是来自天国的使者。此外，他还绞尽脑汁思考一些宏大的问题，尤其是在巨型动物灭绝这个问题上，他比许多同辈人更有见地：

> 我们只能相信，必然有某种物理原因导致了这场巨变，而且这个原因必定能够几乎同时作用于绝大部分的地球表面……这个原因存在于被称为“冰川时代”（冰期）的浩大且晚近的自然变化中……必定以各种方式导致海平面变化，在局部地区引发了滔天洪水，这些变化又或许跟过度寒冷叠加起来，共同夺走了动物们的生命。[14]

从上面这段文字看来，华莱士对因果关系的思考似乎并不比居维叶和阿加西先进多少，但在华莱士看来，“冰川时代”的出现仅能解释某些物种损失。冰川作用如何影响生活在北半球高纬度地区和南美洲南部的动物，这完全可以想见。事实上，那些地方既有更新世冰川作用的痕迹，也发现了多种已灭绝巨型动物的遗骸。让华莱士费解的是，高纬度地区的冰川作用如何能给澳大利亚之类的热带地区带来如此严重的影响。按照颇具影响力的解剖学家、古生物学家理查德·欧文的描述，近时期澳大利亚灭绝的物种在总数上“堪比各大洲”，难怪欧文已经开始思考人类活动的影响（见图 D.10）。华莱士没有找到答案，但他问对了问题。一定还有别的影响因素。

在 20 世纪初，第四纪古生物学发展成一门重要的学科。尽管人们仍无法精确地测定年代，但时间已成为所有古生物学研究的重要参数。到 20 世纪 30 年代初，古生物学界对人类与巨型动物灭绝在时间上的交叉略有察觉，正如哈佛著名的古生物学家阿尔弗雷德·S. 罗默（Alfred S. Romer）所指出的：

> 现在，在证据方面出现了一个压倒性的趋势：在严格意义上的更新世，（北美洲）几乎没有发生物种灭绝，令北美洲动物群缩减至当前稀少数量的大规

模灭绝发生在一个相对短暂的时期，而据推测，这一时期的起始时间不可能早于2万年前……（智人）绝不可能在这场灭绝中起任何主要的、直接的作用，否则我们应当找到更多证明智人牵涉其中的证据。但有人可能会**尝试性**地提出，新变型①的出现可能会使一个处于微调中的动物群失衡，进而间接带来巨变。[15]

在此之前，美国自然历史博物馆前馆长、著名古生物学家、以研究哺乳动物见长的亨利·费尔菲尔德·奥斯本（Henry Fairfield Osborn）说过："在更新世的亚欧大陆，人类与动物群一起'成长'，因此人类总是或多或少地与周围的哺乳动物处于一种生态平衡的状态。"相比之下，在北美洲，人类是新来客，也是晚来客：

可能正是这种破坏性动物的到来（尽管起初并不重要）导致了众多大型哺乳动物灭绝……这并不是说人类亲手杀死了不计其数的猛犸象、马和骆驼，而是说人类的到来可能破坏了生态平衡，引入了传染病，或许还造成了其他因太过久远而**模糊不清**的影响。[16]

1946年，人类发明了放射性碳测年法，一切都因此改变。倘若没有这种方法，所有努力可能都会如罗默和奥斯本所言，只是"尝试性"和"模糊不清的"。后来，测量仪器大幅改进，有效范围达到了近时期的5万年左右。到了20世纪60年代，对于任何有机物，只要含有可测量剂量的放射性碳，我们就能用这种方法测定年代，而且准确性和精度是任何其他方法都无法企及的。

放射性碳测年法也改变了一位年轻的古生态学家的一切，他就是亚利桑那大学的保罗·马丁。到20世纪50年代晚期的时候，马丁对更新世世界的科学研究已经十分深入。他意识到，这种新的测年法可以确定某个候选灭绝原因和其假定影响孰先孰后，以及两者相隔多久。对近时期大灭绝而言，科学界终于有办法确定世界各地物种损失

① 变型（form），生物学名词，指一个种内有形态变异，但无一定分布的个体。

的时间关联了。当然，这种方法也可以用来测定古人类大流散（见第 4 章）的年代。至此，对近时期大灭绝做出全新解释的时机成熟了。那应该是一个关于共同原因的解释，具有普遍的适用性和严谨的验证程序。

第6章

保罗·马丁与死亡星球：过度猎杀假说的兴起

图6.1　一次猛犸象猎捕行动：本图的场景出自19世纪80年代美国自然历史博物馆馆长查尔斯·弗雷德里克·霍尔德（Charles Frederick Holder）的想象。早在过度猎杀假说出现之前，霍尔德就曾想过，“导致（猛犸象）灭绝的一个因素可能是……人类。毫无疑问，早期美洲人猎捕这种大型动物，它们被人类从一个地方驱赶到另一个地方，最终消失了”。[1]尽管这个场景并没有什么特别写实的部分，但其中不言自明的一点是，猎捕猛犸象可能很危险。把猛犸象描绘成象牙向后翻卷的超大型非洲象，这种画法在当时十分普遍，但很不准确（请与图G.1对比）。

马丁寻找答案

在19世纪和20世纪之交，人们越发怀疑第四纪动物的消失与人类有关，但没人能以精确的方式确定到底发生过什么。阿尔弗雷德·罗默只能猜测一些物种曾“在最近几万年”存在过，但“不少变型或许一直活到了最近几千年，甚至更晚”[2]。这是一条过于松散的时间线，其间任何事情都有可能发生，任何时候都有可能发生，所以没人能说清巨型动物损失的原因，甚至无法确定灭绝是否由单一原因导致。保罗·马丁对放射性碳测年结果的重视终于给这场年代大猜想带来了一丝严谨，这正是他的贡献所在。[3]他首先表明，在北美洲，人类的到来与动物灭绝之间似乎存在密切而惊人的时间关联。他结合文献发现，涉及其他地区的放射性碳测年数据虽然有限，但似乎也支持，或者至少不反对他的一个基本观点，即人类一来，动物就消失了。在此基础上，他认为，人类的到来与物种消失之间显而易见且密不可分的关联是全球性的。在许多岛屿上，这种关联只用几十年至几百年就会显现；在大陆地区，最多不超过1 000年。猛犸象、懒兽等分布广泛的巨型动物似乎也是迅速减少的，换句话说，无论生活在何处，它们都在很短的一段时期内灭绝了（见下页方框内文字）。因此，马丁提出了一个问题：最极端的气候变化可能造成如此快速的物种损失吗？

马丁找到了关联，但他还需要建立一个因果关系。想要断定人类与物种损失相关，我们必须找到一个合理的杀戮机制。例如，一些早期作者推测，马达加斯加早期移民无节制地焚烧树木，给自然环境带来了灾难性变化，导致以森林为栖息地的物种消失了。[4]然而，在北美洲和亚欧大陆的高纬度地区，没有证据表明发生过此类环境破坏，可物种损失还是发生了。因此，仅仅出现在那里是不够的，史前人类必然在其技术和行为能力范围内做了什么，才最终导致大量物种灭绝。马丁认为，仅有一种普遍的人类实践符合这一条件，那就是“捕食”，或者让我们遵循人类在谈及自身时一贯的委婉风格，把这种实践称为“狩猎”（见图6.1）。

在我们作为一个独立物种的历史上，我们的祖先都是靠狩猎和采集为生。换句话说，他们直接从大自然获取食物和其他必需品，没有任何形式的稳定农业和畜牧业。因此，根据马丁的说法，如果史前人类在近时期造成了数百个物种灭绝，这有可能与某种形式的狩猎有关。但是，像现代猎人和采集者所进行的寻常狩猎活动做得到这一

弗兰格尔岛——长毛象最后的家园

弗兰格尔岛是一个偏远的孤岛，在1万年前是西伯利亚大陆的一个海角，从裸露的大陆架边缘伸入北冰洋，有一个小型长毛象种群栖息在那儿。后来海平面升高，海角变成了岛屿，切断了与大陆的生态联系。可谓冥冥之中自有天意，弗兰格尔岛上的长毛象一直活到了3 700年前。

20世纪80年代末，放射性碳测年专家谢尔盖·瓦尔塔尼扬（Sergey Vartanyan）及其同事开始研究弗兰格尔岛。那时，科学界对岛上猛犸象的情况几乎一无所知，只知道冻原上到处是猛犸象的骨头和象牙。瓦尔塔尼扬等人收集了大量标本并对这些标本进行了年代测定，这给猛犸象的灭绝研究带来了惊喜。他们的测年结果比原来的结果晚了几千年，这有悖于“猛犸象在全新世之初便已从亚欧大陆消失”的已有共识，令人难以置信。若果真如此，猛犸象的故事就要彻底改写——在更新世世界的一个边缘小岛上，一群长毛象奇迹般地活了下来。[5]很快，其他研究人员也得出了相近的结果。这说明瓦尔塔尼扬等人的测年结果不是巧合，而且他们使用的标本也没有被污染。

长毛象象牙的标本，来自弗兰格尔岛，用于放射性碳年代测定。

点吗？在人种志资料中，没有迹象表明，晚近时期采取这种生活方式的人类导致了任何物种灭绝。在农业形成以前，古人类最小的社会单位可能是“群”①，但群似乎过于小而松散，无法构成一台杀伤力巨大的杀戮机器（见第9章）。此外，人种志显示，比起主动猎捕少量鸟类或哺乳动物（通常体型较小），大多数狩猎–采集者更依赖于不会自行移动的食物，比如水果、块茎、浆果、贝类，偶尔也吃昆虫。对此，马丁尝试去重新思考一个问题：在伴随人类首次到达而形成的独特环境中，人类狩猎的本质究竟是什么？

捕食者和猎物是地球上最古老的互动游戏玩家。在典型的捕食者–猎物关系中，捕食者和猎物被本能与习得行为捆绑在一起，亲密得好似伴侣。例如，猞猁把白靴兔视为首选猎物，深入骨髓地了解白靴兔的各种假动作和小花招。同理，狮子对斑马，狼对北美驯鹿，猫头鹰对鼠类，也是了如指掌（见图F.1）。但会不会出现捕食者过捕、猎

图F.1　一只北美猎豹追赶一只叉角羚：美洲狮和美洲豹（又名美洲虎）是北美洲仅存的大型猫科动物，而在更新世末期还有另外几种，比如体重估计为70～95千克的杜氏北美猎豹。虽然名称里有“猎豹”二字，但根据古生物DNA调查，杜氏北美猎豹与猎豹的亲缘关系反而不如跟美洲狮近。它的栖息范围从宾夕法尼亚向东延伸到佛罗里达，西至大峡谷。美洲狮和美洲豹都是伏击型食肉哺乳动物，所以杜氏北美猎豹很可能也是。骨骼残骸表明，它有长腿和阔鼻孔，后面这种特征有助于迅速呼吸，常见于快速追捕类食肉动物。图中的猎物是一种叉角羚，但杜氏北美猎豹的食物可能与现生美洲狮十分相似——小到鼠，大到体型是其两倍的哺乳动物，一律可吃。

① 群（band，英语也作camp或horde），最简单的人类社会形式，通常由一个小的亲缘群组成。现代人类学普遍认为，在觅食社会的最低阶段，一个群的人数在30～50之间。

物持续减少以至于无法恢复的情况呢？这种情况很少见，甚至根本没有，因为只有这样才说得通。即便捕食者和猎物之间知己知彼，它们也无法掌控所有偶发状况，所以捕食者发起的攻击往往以失败告终，这与今天的现实情况并无二致。[6]捕食者的猎捕成功率很难提高，而且即便能提高，理想猎物濒临灭绝的前景并不符合捕食者的长远利益，因为就算更高的猎捕成功率能令捕食者繁盛一时，但如果常见猎物消失了，捕食者就必须另寻猎物（新猎物或许不那么适合它），否则就只能挨饿。因此，在正常的捕食者-猎物关系中，各种选择性力量呈现一种动态平衡，使双方各自群体中的不适应者被淘汰，从而整体获益。这架天平时而偏斜，从而引发灾难，比如在岛屿环境中，捕食者与猎物之间的关系可能会失衡。[7]但这种异常情况或许是局部和短暂的，不会给栖息范围广泛的物种带来长期后果，比如大多数大型食草动物和以它们为食的食肉动物。因此，马丁面临的挑战是显而易见的——在短得荒谬的时间跨度里，广泛分布于北美洲和南美洲的几十个物种都灭绝了，这用人类狩猎如何解释得通呢？

对此，马丁坚持认为，在某种情况下，典型的捕食者-猎物互动机制会暂时失效，致使双方的行为都在彼此的预期之外。例如，一个强势捕食者的到来可能会打破原有的平衡。一方面，猎物天生不具备对抗或逃离新捕食者的行为能力，因此面对新捕食者，猎物会突然变得脆弱起来。另一方面，在猎物的已有体验里，新捕食者是陌生事物，不会触发危险警报，也不会刺激猎物采取防御。马丁认为，在这样的情况下，猎物会表现得很“无知”，等它们意识到危险时已经来不及了。

与此同时，在这种异常的互动机制下，新捕食者的行为毫无节制，它们遇到什么就吃什么，遇到多少就吃多少，直到猎物习得足够的经验，或者猎物的数量越来越少，它们才会结束这个超级捕食过程。在马丁设想的极端情况下，新捕食者并非普通的外来物种，而是承载着文化、危险性超乎想象的智人。面对智人，大多数物种都没有足够的时间做出反应或者进行学习（见下页方框内文字）。于是，在这场所谓的首次生物接触中，只有少数大型物种幸运地逃脱或存活下来，而这种例外情况恰恰证明上述模式是成立的。

马丁认为他已经对所有重要的事情做出了解释：在人类出现以前，没有协同的物种损失；人类出现以后，猎物便没有了喘息之机，很快被人类的过度狩猎逼入绝境。

洞穴艺术：岩壁上的动物

人类与巨型动物的互动由来已久，最明显的证据并非来自猎杀场和古老的食物残迹，而是画在或刻在洞穴岩壁上的岩画。[8] 远古艺术创作者想必有着与我们相似的创作心理，但他们的境遇和期待肯定与我们大相径庭。我们在世界各地发现了不同年代的岩画，其中最著名的位于法国和西班牙。人们认为，欧洲的岩画大多可追溯到 3 万 ~ 4 万年前，比更新世末期大灭绝早 2 万 ~ 3 万年。在洞穴岩画中，远古人常用华丽的细节展现动物们的外形、毛色，甚至表情，捕捉它们的自然习性。有人说，远古艺术创作者相信，这样刻画出来的图画是有魔力的，可以护佑他们狩猎成功。还有人认为，这些古老的岩画不过是远古人的胡描乱刻，说是涂鸦也不过分。毕竟，旧石器时代的古人也是人，在无所事事的漫长冬夜里，在岩壁上刻画几只动物，无疑是打发时间的好办法。

在法国莱塞济–德泰亚克（Les Eyzies-de-Tayac）的逢德果石窟（Font-de-Gaume Grotto）里，一群洞穴艺术家正在作画。此情景出自 1920 年查尔斯 · R. 奈特的想象，他的绘画作品经常描绘史前生活。

“闪电战”

正如许多批评者所指出的，马丁的过度狩猎假说中的很多内容要么是错误的，要么就是发生的概率极小。事实上，与他的实际想法相比，“过度狩猎”在措辞上显得过于温和，因此他改用了一个新说法——“闪电战”（blitzkrieg，见图 6.2）。这是一个刻意让人难以释怀的隐喻，任谁都会想到执着狂热的种族灭绝和恃强凌弱的暴戾屠戮。

然而，隐喻归隐喻，现实归现实。诚然，在现代不乏人类施加的迫害重创个体物种的例子——栖息地崩溃，繁殖周期中断，随后出现重大的种群损失，但到底在何种有据可循的条件下，才能让手中只有原始工具的古人类能够同时对多个物种持续施加超强的狩猎压力，从而导致这些物种中的绝大多数（有时甚至是所有）彻底崩溃呢？

马丁设想的情境并不缺乏基本的可信度。这种情境与已得到普遍证实的生态释放现象有些相似。所谓生态释放，是指一个外来物种突然出现在一个新环境中，取代或

图6.2 闪电战

以其他方式严重危及原有动物群和植物群的现象。① 理论上，生态释放可能导致本土物种灭绝，在一些岛屿环境中或许已经出现了这样的情况。但通常来说，入侵物种最终会在一个合适的生态位安定下来，不再干扰其他物种。在20世纪80年代晚期，斑马贻贝（一种小型蚌类动物）被引入美国东部和加拿大，它们通过水道一路传播，铺满了河湖水底的所有可用平面，严重破坏了当地生态，造成了惨重的经济损失。同时，暴增的斑马贻贝破坏了食物链，给地方性淡水软体动物和鱼类带来威胁。人们担心斑马贻贝会导致某些物种灭绝，但实际上这种情况并没有发生，至少目前还没有。它无疑是一级有害物种，但可能尚不足以构成一种杀戮机制。相比之下，“闪电战”能伤及本土物种的根本，造成多个物种同时灭绝，是变态加强版的外来物种入侵。

马丁认为，过度狩猎把食物供应提升到了一个前所未有的水平，让美洲早期居民能够养育更多的后代，而人口增长又使食物需求变得越来越大，这使过度狩猎成为一种自我推进式的行为。通过过度狩猎，人类以最小的努力，最大限度地从环境中榨取能量。最理想的猎物应该是体型最大的动物物种，因为它们可以提供最丰富的营养组合——脂肪和肉。[9] 随着巨型动物完全消失或者不再那么容易被发现，这种正反馈回路再也无法运转下去，人口激增期结束了。与斑马贻贝的行为类似，人类最终在新世界的大陆部分定居下来，过上了破坏性较小的生活——寻常水平的狩猎和采集，有些地方还出现了农业。

多个物种灭绝

马丁认为，过度狩猎行为以极限繁殖为目的，是一种内生驱动力的表达。如果这种观点缺乏说服力，那也绝不是过度狩猎假说面临的唯一质疑。例如，若是与过度狩猎有关的生态灾难持续了不过几百年（正如美洲大陆的年代测定结果所显示的），那么古人类必定是不加区分地同时猎食多个物种，而这不符合常理。一般来说，掌握原始技术的古人类倾向于集中捕食少数几个熟悉习性且能够在一年中的最佳时间猎捕的物种。因此，马丁寻求的是人种志上从未见过的人类行为方式，但这种没完没了、过度

① 外来物种摆脱了原生环境中的天敌、竞争者、疾病等不利因素，因此在新环境中会出现种群扩张或爆发的现象。

亢奋的狩猎活动是如何维持的呢?

1975 年，马丁用他与统计学家詹姆斯·莫西曼（James Mossiman）共同开发的一个仿真模型，对这个问题做出了回答，并且回应了相关的反对意见。在后来的论文和最后一本书《猛犸象的黄昏》（*Twilight of the Mammoths*，2005 年出版）中，马丁还补充了一些细节和新的证据，但他从未放弃"闪电战"席卷美洲这一基本观点。在他的原始模型中，早期人类在大约 1.2 万年前沿着新开放的无冰走廊进入北美大陆中部（见第 4 章）。高流动性的远古猎人以闪电般的速度扩散开来，所到之处的猎物还没来得及发展出躲避机制，就被突袭并打倒。猎人们杀光了一处的猎物，便马上杀到另一处，制造又一场极端的灭绝风暴。充足的食物供应使人口激增，越来越多的人类迁移到此前尚无人类踏足的地方。可见在"闪电战"的条件下，人类必定同时猎捕多个物种。这样一来，同时猎捕多个物种不仅不应再受到质疑，反而成为一个有力的论据。

在马丁的模型中，早期人类的流动性和自然增长率没有明显的限制，他们可以迅速地穿越北美洲和中美洲，在首次生物接触（可能发生在白令吉亚或无冰走廊）之后大约 1 000 年到达南美洲的最南端。驼鹿、鹿、麋鹿、北美驯鹿、野牛、山羊、大角羊、麝牛、熊、原驼、骆马、貘、野猪等美洲巨型动物，不论在进入全新世之后还剩下哪些，它们要么是因为生活在偏远的地方，得以避开远古猎人，要么是因为有足够的时间适应人类的捕杀，再不然纯粹是因为走运才活了下来。[10] 人类以野火燎原之势吞噬了沿途可供消耗的一切，随着所有脆弱的物种灭绝或几近灭绝，人类过度猎杀大型动物的时代终于结束了。

第7章

论战

图G.1　美国西南部的一只雄性哥伦比亚猛犸象：猛犸象与现生大象相比可不只是毛更长，两者还有许多不同之处。至少就成年雄性的身体比例而言，猛犸象的象牙比现生非洲象和亚洲象都大得多。另外，猛犸象的两根象牙水平向内生长，逐渐交叉（如图所示）。同样从身体比例上看，猛犸象有巨大的头部、小耳朵和倾斜的背部，这些特征在现生大象身上是没有的。（长毛象也是一种猛犸象，但长毛象没有现生大象的体型大。）尽管哥伦比亚猛犸象生活在北美大陆较为温暖的中部地区，但古生物DNA分析表明，它们能够与长毛象杂交。很难确定杂交发生的频率，但我们知道，其他现生哺乳动物也出现过自然杂交，比如狼、郊狼和家养狗可以杂交繁殖。

气候变化论卷土重来

讽刺的是，过度猎杀假说至少在一定程度上促使人们重拾对气候变化论的兴趣。对许多考古学家和第四纪古生物学家来说，过度猎杀假说的种种预设——异常的猎物无知水平、难以置信的猎杀成功率、猎杀场的缺失——无论在过去还是现在，都同样不可接受。古生物学家约翰·吉戴伊（John Guilday）说过："挑出一个罪魁祸首或者一套条件组合，这个过程很有意思，但终究是一场空。"[1]

过度猎杀假说的反对者的观点总结起来大致是：纵观各个地质年代，如果气候事件和其他自然事件始终是导致灭绝的压倒性力量，凭什么晚更新世大灭绝是个例外呢？我们生活的这个世界经历过大范围的短期气候波动，致使生活在不幸时间和不幸地点的物种难以维系。对于这个事实，我们已经掌握了大量细节。把气候变化看作唯一的驱动因素并不能让我们免于做出特殊的预设（后面会讲到），但这确实可以把人类的反常行为剔除。对许多人来说，这是气候变化论的终极魅力所在。

许多作者都试图提出有说服力的、立足于气候变化的替代假说（尤其是针对美洲大陆和澳大利亚的物种灭绝），但这些尝试都失败了。大多数气候变化解释都没有超越各自关注的数据集，而相比之下，保罗·马丁起码提出了一个全球灭绝模式和一个看似普适的解释。气候变化派用精心设计的复杂情境来解释气候渐变引起的生态变化如何造成区域性物种损失，但在同样的设定条件下，大型食草哺乳动物等分布广泛的物种似乎不大可能彻底灭绝（见图 G.1），至少在理论上，它们完全可以迁移到环境更有利的地方去。显然，还有其他因素在起作用。

近几十年来，我们获得了大量新的古代环境证据，但还有很多地方，我们尚未发现任何可识别的自然原因，其程度或范围足以在发生灭绝的所有时间和所有地点成为导致灭绝的主因。与过度猎杀假说一样，时间是所有问题的关键。如果南半球大气和海洋的环流模式引起了严重的环境变化，进而导致澳大利亚在 4 万年前损失了多个物种（见图 G.3），那为什么非洲南部的同纬度地区（见图 G.2）没有受到同样的影响呢？如果新仙女木期的极寒气候造成北美洲和欧洲巨型动物群的栖息范围在 1.29 万年前至 1.17 万年前严重缩小，由此奏响了种群大崩溃的序曲，那为什么这些物种安然度过了更新世早些时候的严寒期呢？在北半球，严重的环境事件似乎没有给巨型动物造成显著

图G.2 非洲南部的古巨野牛和平原斑马：发掘于摩洛哥杰贝尔依罗考古遗址的这个物种被初步鉴定为古巨野牛，是现生非洲野牛的亲缘物种。在该遗址，解剖学意义上的现代人早在30万年前便开始猎捕大型哺乳动物。在晚更新世，古巨野牛遍布非洲大部分地区，但在1.2万年前从非洲大陆的南部和东部消失了。令人惊讶的是，在阿尔及利亚北部，古巨野牛坚持到了距今不远的4 000年前。它体型巨大，体重可达1 200~2 000千克，与现生黑犀大小相当。它最显著的特征是拥有两根巨角，按照一些人的估计，两角顶端的距离可能超过2.5米。图中的另一种动物是平原斑马（另图C.3和图H.11），但毛色不同寻常——身体前部是常见的条纹，向后条纹逐渐变淡，到臀部则变成纯棕色。在19世纪中叶的时候，这种称为“quagga”的毛色样式在一些平原斑马种群中还很常见，但后来越来越罕见。在过去150年里，野外再也没有这种斑马。[①]令人不解的是，古生物DNA研究显示，这种毛色特殊的平原斑马与普通的平原斑马在基因上并无明显区别。而更令人困惑的是，学术界最近确定，平原斑马的合理拉丁学名其实是*Equus quagga*！[②]

的影响，最恶劣的后果也只是种群规模和栖息范围缩小，以及个别种群消失。事实上，在亚欧大陆和北美洲，几乎所有已测定年代的巨型动物物种都熬过了末次冰盛期，直到很久以后才灭绝。

宾夕法尼亚州立大学的罗素·格雷厄姆（Russell Graham）和得克萨斯大学奥斯汀分校的欧内斯特·伦德利乌斯（Ernest Lundelius）认为，人们所忽略的因素并非成因多样、未必会造成任何后果的渐变，而是关键时期的生态失衡。他们在一篇颇有影响力

① 因此，有人将这种斑马视作平原斑马的一个亚种，拉丁学名 *Equus quagga quagga*，译作“拟斑马”。

② 此前，平原斑马的拉丁学名是 *Equus burchellii*。

1.歌利亚短面袋鼠
2.巨双门齿兽（另见图G.4）
3.纳拉库特巨蛇（另见图D.4）
4.牛顿雷啸鸟（另见图G.4）
5.笑翠鸟（现存）
6.米切氏凤头鹦鹉（现存）
7.欧文氏忍者龟或巨卷角龟（另见图H.9）

图G.3 澳大利亚南部的干疏林全景图：这是一幅极具多样性的场景。图右的一对歌利亚短面袋鼠（一种巨短面袋鼠）正在桉树下晒太阳。巨短面袋鼠有很多种，其中最大的估计重约240千克，是最大的现生袋鼠——红袋鼠——的三倍。巨短面袋鼠似乎不是用双足蹦跳前进，而是靠两个单趾的蹄形后足疾步快走。图中还能看到一头雌性巨双门齿兽和它的幼崽。巨双门齿兽是最大的巨型有袋类动物，具有明显的两性异形，雄性体重达2 750千克，雌性体重是雄性的一半。牛顿雷啸鸟是鸭和鹅的远亲，高大健硕，不会飞，有力的巨喙可能是为撬开坚硬食物外壳而进化出的一种适应。远处有一只巨大的欧文氏忍者龟在缓缓爬行，近处干涸的河床上盘卧着一条纳拉库特巨蛇，还有一只笑翠鸟耐心地守候在大树枝上，伺机捕食一不留心爬过来的小蜥蜴或者其他猎物。米切氏凤头鹦鹉是现存物种，喜欢栖息在本图所描绘的广阔林地中。

的论文中称，对于北美洲“晚更新世的生物群或环境，我们在当代找不到相似物”，这一点也反映在观察结果上，即晚更新世植物群和动物群的结构是“不和谐的”（见图 7.1）。[2] 在这篇论文的语境里，“不和谐”一词有特定的含义——今天的物种组成被认为是“和谐的”，而晚更新世的物种组成不同于今天，所以是“不和谐”的。“和谐”一词不管是用来形容高速路的交通状况、交响乐团的演奏效果，还是描述物种组成，都意味着讨论范围之内的所有要素均以协调一致的方式运转，而“不和谐”的意思正相反。

图 7.1　协同进化失衡

格雷厄姆和伦德利乌斯将动植物群落视为协同进化的整体。长期存在的生物群天然趋向生态和谐与进化和谐，群内的各种动植物在平衡中共存。例如，自然选择确保食草动物不会过度啃食植物，植物也不会以超过食草动物所能容忍的速度进化出防御机制。如果边界条件保持相对不变，那么协同进化关系也应当保持不变。但是，气候变化破坏了这些稳定的关系，形成了强大的干扰。他们认为，晚更新世的环境一直在弱季节性的气候中保持稳定，但这在更新世-全新世过渡期发生了变化，临界期落在1.1万～1.3万年前。原有平衡的丧失迫使生物群重建，而重建的结果便是更为特化的巨型动物灭绝了，因生态位较宽而具有足够适应性的物种得以存活下来。

过度猎杀假说的复兴

在20世纪80年代中期有关近时期大灭绝的争论中，许多人认为，生态失衡论比远古猎人杀红眼的说法更受欢迎。[3]当时，人们仍然可以主张，在末次冰盛期的末期和更新世-全新世过渡期之间发生了严重的创伤性事件，造成相隔遥远的北美洲和澳大利亚同时遭受了物种损失，但几乎没有任何可靠的放射性碳测年结果可用于澳大利亚的物种灭绝研究，且仅有的少数测年结果也集中在远远早于北美洲巨型动物灭绝期的时间点上。后来，利用光释光测年法进行的调查证明，晚更新世澳大利亚的物种损失大多（乃至全部）发生在4万～4.5万年前（见图G.4），比新世界的物种灭绝早3万年。这说明两个大陆的灭绝事件在时间上并无关联。

另一个问题出在“生态平衡”这个概念上。从适应的角度来说，个体物种总是在追赶环境的变化，而在追赶的过程中，物种之间各自独立，互不相干。生态系统不断变迁，物种有来有去，所以从较长的时间跨度来看，绝不会出现类似进化停滞（stasis）的状况。虽然猛犸象的首选栖息地是无树草原和草场环境（见图G.5），但它们广泛分布于三大洲，必定具有很高的生态位耐受度（niche tolerance）。因此，很难理解它们为什么不从高纬度地区的猛犸象草原南迁至其他类型的栖息地，尽管这意味着栖息范围和种群数量的缩减，但总好过坐以待毙。再比如，有人说栖息在内华达州、犹他州和美国其他西部州的野马不像其更新世祖先那样适应这片土地，这种说法怎么可能有任何根据呢？迅速增加的野马种群数量表明事实恰恰相反。

1.猛袋狮
2.塔斯马尼亚狼（又名塔斯马尼亚虎、犬头袋狼）
3.红颈袋鼠（现存）
4.牛顿巨鸟
5.巨双门齿兽
6.西方短面袋鼠
7.袋獾（又名塔斯马尼亚恶魔和大嘴怪，现存）
8.威氏袋熊
9.拉氏巨针鼹
10.类河马双门齿兽

图G.4　南澳大利亚州纳拉库特全景图：南澳大利亚州东南部的纳拉库特洞穴是澳大利亚的国家公园和世界遗产。我们在此发现了大量脊椎动物化石，年代范围从距今50万年往后。这片如今半干旱的地区在第四纪时生机盎然。图中可见三种食肉动物：一只袋狼（塔斯马尼亚狼）扑向一只红颈袋鼠，一只猛袋狮埋伏在桉树干上环顾窥伺，还有一只袋獾盯着一只在洞口附近觅食的威氏袋熊。我们在纳拉库特洞穴里发现了大量这些动物的化石，这表明此处曾是理想的猎捕场所。图中还有一种短面袋鼠和两种双门齿兽。袋獾是现存物种，但在约3 000年前从澳大利亚的大陆部分消失了。

图G.5　西伯利亚无树草原上的长毛象群：与现生大象一样，由母系领导的象群可能是最基本的猛犸象社会单元。象群通常以家庭为单位，由一头成年雌象、几头成年的子代雌象和第三代小象组成。在一年的大部分时间里，成年雄象可能都是独居的，有时会跟其他成年雄性临时凑成“单身汉俱乐部”。它们只有在雌象表现出性接受性（sexual receptivity）时，才会与雌象互动。（在本图的场景中，一头雄象从左方接近象群，可能想找雌象交配。）象群里的雄性小象一旦性成熟就会被赶出去自谋生计。这意味着刚成年的年轻雄象要迅速学会如何填饱肚子，照顾自己，并且避免像人类的傻小子一样总是犯错。

关于近时期物种损失的原因，马丁的兴趣点始终在于全局而非局部，所以他放弃了基于气候变化的地域性解释。[4]这并不是因为此类解释明显缺乏可信度，而是因为他无法从此类解释中提炼出足够普遍的因素，作为建立共同原因假说的基础。他认为，要确定气候变化是晚更新世大灭绝的直接原因或必然原因，必须满足以下三个条件：

1. 有证据表明，在发生灭绝的各个时间点及其前后、各个地点及其周边，都出现了重大的气候变化；
2. 这一（或这些）气候变化，无论就其本身而言，还是综合其他因素来看，在第四纪晚期必须是绝无仅有的，否则便无法解释为什么物种损失发生在这些时间而非其他时间；
3. 找到这一（或这些）变化主要影响大型陆栖动物的逻辑基础。

马丁认为，程度是解释问题的关键。导致一地多个物种灭绝的变化必定是巨变，其程度即便没有波及全球，也必然足以在其他地方产生可察觉的影响。然而，我们已知的模式并非如此。南美洲巨型动物的灭绝总体上与北美洲的灭绝是同步的，但更新世末期的安的列斯群岛似乎风平浪静。此外，我们始终无法回避体型问题。为什么遭殃的总是大型动物呢？难道体型巨大就必定会惹祸上身吗？新生代的其他灭绝事件从未表现出这样的特点。

气候变化论的支持者没有充分回答上面的问题，这在马丁看来是一个致命缺陷，但也有人不这么认为。要求气候变化派首先识别出独有的、可能引起灭绝的气候波动，这其实是一个很高，甚至过高的标准。在50年前，可用的气候数据只能让人们管窥过去，而无法看清细节。同时，我们不能仅仅因为此类气候波动难以描述，就认为这些波动没有造成生物学影响。正如我在前面提到的，大型哺乳动物所共有的一些先天生理特征（比如繁殖率较低）可能令它们在很多环境里易于灭绝。因此，对马丁的批评，我们可以反驳说：不能仅仅因为人类捕食可能在某些环境中导致某些大型脊椎动物灭亡，就以此为据断定在所有环境里，人类都是物种灭绝的罪魁祸首。

总之，关于史前物种损失的原因，马丁寻求一个放之四海皆准的解释。为此，他提出了“恐怖切分音”（dreadful syncopation）的概念。所谓“恐怖切分音”是指人类在踏足全球每块处女地后不久，便给当地生物多样性带来毁灭性打击的现象。[5]气候变化派的解释无法像“恐怖切分音”这样覆盖全球，所以在马丁眼里终归是有欠缺的。例如，在论及亚欧大陆高纬度地区的长毛象时，气候变化派认为它们死于更新世末期的季节性增强和植物分布变化。但分析对象换作1万年之后马达加斯加的几种巨狐猴（见图G.6）就不乐观了，除非能够证明季节性增强或等效的生态变化也会影响巨狐猴，否则长毛象灭绝事件无助于我们对巨狐猴的消失做出合理的解释。[6]马丁认为，气候变化派对环境变化和关联损失的描述在给定的地理参照系内是合理的，但无法归纳为一组令人信服、全球适用的因果关系。在他看来，与过度猎杀假说相比，气候变化派的解释缺乏广泛的适用性。

1.格朗氏巨狐猴
2.人面懒猴
3.长臂懒猴①
4.某种穆氏象鸟

① 此图中的人面懒猴、长臂懒猴和前文提到的方氏古大狐猴（见图 B.1 和图 D.8）均归古原狐猴科，但分别归该科下的古原狐猴属、中原狐猴属和古大狐猴属。格朗氏巨狐猴归鼬狐猴科（Megaladapidae）巨狐猴属。

图G.6　马达加斯加北部安卡拉纳（Ankarana）森林中的巨狐猴和懒猴：图左的格朗氏巨狐猴俗称“考拉狐猴”，这是因为它的一些运动习性可能与澳大利亚现存的考拉（又名树袋熊）相似。图右是两种大型狐猴，它们细长的前肢与南美洲的树懒惊人地趋同。其中，体重55千克的人面懒猴可能存活了很久，17世纪的一位法国作家曾记述过这种懒猴。长臂懒猴是人面懒猴的亲戚，但缺乏对枝下悬挂的明显适应，所以更有可能是小心翼翼的“走树动物”（另见图B.1）。安卡拉纳石灰岩高原被干燥的热带森林覆盖，那里还栖息着许多其他本土脊椎动物。图中的穆氏象鸟是缩小版的巨象鸟（见图A.1），此地众多洞穴中常见这种象鸟的遗骸。

第8章

今天的过度猎杀假说

图 H.1 一只古巴巨型猫头鹰向一只年幼的古巴鼩（一种现存但高度濒危的本地食虫动物）猛扑过去。古巴巨型猫头鹰身高可达1米，可能是晚近化石记录中最大的猫头鹰。由于体型太大、翅膀高度退化，它飞不起来。它可能会用细长的腿直接撞倒猎物或者展翅扑倒猎物，这种捕食方式与伏击型哺乳动物的做法如出一辙。安的列斯群岛的洞穴沉积物里满是小型哺乳动物和其他脊椎动物的骨骼，这些都是第四纪考古学家最好的朋友——猫头鹰——扔在那儿的。

现状

在过去50年里，保罗·马丁的过度猎杀假说在考古学、古生物学、历史生态学、保护生物学等多个学科中，甚至在政治经济学和意识形态哲学领域都引起了激烈的争论。[1]正如前文所述，尽管人们一直怀疑人类有可能在这场史前大灭绝中扮演了某种角色，但在马丁提出“闪电战”假说之前，无人主张人类迫害是更新世末期美洲物种大灭绝或其他类似大灭绝的唯一合理原因。马丁的假说离经叛道，激进程度令人瞠目。毫不意外的是，在学术期刊和会议上，他的假说在反对者和支持者中间引发了许多通常是善意的学术争论。

然而事与愿违，争论并没有令事实变得更加清明。半个世纪以来，过度猎杀派需要解答的主要问题没有丝毫改变。人类总是在动物群崩溃的前夕出现吗？如果是的话，人类实际上做了什么导致物种灭绝？灭绝速度有多快？为什么岛屿上的物种灭绝更为惨烈（见图H.1）？为什么灭绝在有些情况下非常迅速，而在其他情况下则不然？如果大型物种面临的风险最大，那么大量巨型动物幸存下来的事实又该如何解释（尤其是在现代人生活了数十万年的非洲和南亚）？最后，我们凭什么如此笃定气候变化或其他因素没有以某种方式起作用呢？

此类争论引发了人们对巨型动物灭绝的持续关注，这带来了一个有益的结果——在全球范围内，年代测定结果的数量稳步增加，这有利于确定物种的消失时间。放射性碳测年法比马丁首次探索近时期大灭绝的时候更加完善，也更加经济。校正技术的改进和质谱法的引入让人们能够采用较小的化石标本，同时不损失准确性和精度。与相关学科的交叉结合越来越多，在某些情况下甚至呈指数级增长。随着古生物DNA检测技术的出现，那些过去被认为无法调查的灭绝问题，现在变得越来越易于处理。今天，我们可以直接检测古生物的遗传多样性，这令科学家得以研究多样性崩溃、遗传漂变、杂交或无形局部灭绝（同一物种的一个种群被另一个种群替代）等其他基因组现象，并判断这些现象是否在一些物种的灭绝中发挥了某种神秘的作用。[2]我在后面会介绍，过度猎杀假说成立的必要条件也被重新定义或者赋予新的含义，甚至还有人提出，我们应当完全放弃“闪电战”的概念。

对大陆物种损失的再思考

新世界

抛开马丁对因果关系的推断，他关于“北美洲物种损失在时间上高度集中”这一观点尽管面临许多复杂的问题，却出人意料地发展下去了。考古学家斯图尔特·菲德尔（Stuart Fiedel）极力主张北美洲物种损失发生在一个很窄的时间窗口内，可能只有400年的跨度。他认为，在此期间，北美洲的大部分巨型动物要么迅速灭绝，要么减至无法存续的数量。[3]这与马丁最初描述的“物种损失惨烈而迅速”的画面基本一致，同时有更多的测年结果作为支撑。其他地理区域亦面临各自独有的年代次序和解释性问题，而单就近时期大灭绝的典型代表北美洲而言，马丁的先见之明体现为他对灭绝速度的高度敏感，而非对因果关系的推断（见图H.2）。

20世纪90年代和21世纪初，古生物学界开展了一系列调查研究，旨在检验马丁提出的“恐怖切分音”情境的第二部分，即人类到达与当地物种消失之间的时间间隔是否如马丁所言那样短暂。其中，最具影响力的是一项对更新世末期北美洲过度猎杀动态的复杂仿真研究，研究结果于2001年由麦考瑞大学（MacQuarie University）古生物学家、建模师约翰·阿尔罗伊（John Alroy）发表。在阿尔罗伊看来，检验过度猎杀假说的关键，是要从概率上确定早期北美洲的人口增长率和人类猎捕成功率是否足以令四分之三的大型食草动物在1.35万年前与1.25万年前之间全部灭绝。为了模拟更新世末期的条件，阿尔罗伊设置了一系列变量，将生态动态、生命周期、食肉量、人口密度等所有相关因素纳入模型。测试以100作为人类进入北美大陆中部的人口初始值，进入时间设置为1.4万年前，比年代最早的克洛维斯文化的遗迹略早一点。在首选测试中，人口在1.3万年前达到100万左右，每年稳步增长1.66%（这个增长率略高于马丁所使用的增长率①，但仍在同一范围内）。大规模的物种损失始于人口在约13 250年前达到峰值的前夕，灭绝时间跨度的中位数是1 200年，所有灭绝事件在人类到达后的1 600年里全部结束。随着灭绝在1.24万年前逐渐趋缓，人口也稳定下来。这个模型正确预测了重大物种损失期过后可能会有一些巨型动物幸存下来。多次测试呈现出相同

---

① 后文提到，马丁使用的人口增长率为1.4%。

1.斯科氏驼鹿
2.杰氏巨爪地懒
3.俄亥俄巨河狸
4.美洲豹（又名美洲虎，现存）
5.长鼻西猯
6.哈兰氏麝牛
7.维洛貘

图H.2 阿巴拉契亚高原全景图：阿巴拉契亚高原位于美国东部，是从纽约南部到阿拉巴马州的一片高地。在末次冰期的晚期，高原北端的高海拔地区可能被北方森林覆盖。再往南，本图所描绘的凉爽温带森林可能非常普遍，同时到处都有水道和湖泊。这里是俄亥俄巨河狸和斯科氏驼鹿的理想栖息地，也适合其他一些大型哺乳动物，比如图中的长鼻西猯、维洛貘、杰氏巨爪地獭和哈兰氏麝牛。除美洲豹外，图中的其他物种均已灭绝，而即便是美洲豹，现在也不再生活在美国（美墨边境的一些零星地区除外）。与这些灭绝动物亲缘关系最近的现存物种分布在从北极洲到热带地区的广阔地域，所以它们被放在同一个画面里实在是匪夷所思。由此可知，更新世物种的关系和食物与我们今天所理解的“正常”情况大不相同。黑熊和白尾鹿是阿巴拉契亚北部仅存的巨型动物物种。美洲狮在20世纪初期曾栖息于此，今后或许会回归。

1.原驼（现存）
2.窄头伏地懒
3.居维氏嵌齿象
4.塔里哈大地懒
5.马（现存）
6.某种雕齿兽

图H.3 安第斯山脉北部的帕拉莫全景图:“帕拉莫”指安第斯山脉北部高纬度地区的高山灌木丛,处在永久雪线以下,但高于3 000~4 000米处的恒续林。这里相对凉爽潮湿,日照强,白昼最高气温可达30摄氏度,有利于草原和灌木丛的形成,吸引众多哺乳动物和鸟类到此栖息。今天,这里的动物群包括眼镜熊、原驼、长鼻浣熊、美洲狮、貘、几种啮齿类动物、秃鹫、鸭子和其他几种捕食小型哺乳动物的猛禽。相比之下,更新世动物群的多样性更高。在低地环境中最为多见的居维氏嵌齿象占据了南美洲的许多地方,包括以帕拉莫为主的环境,这证明此种大型哺乳动物在生态学意义上十分随遇而安。马和巨懒(大地懒和伏地懒)也是如此。我们在安第斯山脉秘鲁部分4 700米高的地方,以及在1.8万年前可能紧邻巴塔哥尼亚冰盖边缘的地区,都发现了巨懒的骸骨。

的整体图景。[4]

对包括马丁在内的许多观察者而言，阿尔罗伊的仿真研究似乎给气候变化派与过度猎杀派的争论画上了句号。[5]然而，我们现在知道，人类在不晚于1.5万年前就存在于北美洲，因此人口应当在大多数巨型动物的末次出现时间之前很久就达到峰值。更为关键的是，阿尔罗伊的一些测试表明，如果对模拟参数进行微调，以反映猎捕压力减小，进而反映人口增长率下降，那么物种损失可能不会以同样的模式发生，甚至根本不会发生。

随着放射性碳测年技术的改进，人们发现了已灭绝大陆物种延长存活的几个实例，这意味着物种损失并不总是迅速和同步的。理论上，这反而说得通，尤其在把过度狩猎视作唯一灭绝因素时更容易说得通，因为总有一些地方的猎捕压力在很长的时期里可以小到忽略不计。令人意外的是，白令吉亚的腹地就是这样的地方。阿拉斯加内陆的马和猛犸象似乎活到了大约1.05万年前，比预期晚1 000年。再比如，尚具争议的证据显示，南美洲的几种懒兽和雕齿兽坚持到了全新世初期或中期。[6]

说到懒兽，古巴、伊斯帕尼奥拉和波多黎各等紧邻美洲大陆的岛屿（见图H.4）上有一个异常有趣的情况。马丁和我参与撰写的一篇论文基于许多新的放射性碳测年结果得出一个结论：几种懒兽在假定的首批人类登岛时间（约6 000年前）之后至少又坚持了1 000年。马丁猜想，会不会是因为当时的人类更关注海洋资源而非陆地资源，所以体型较小的懒兽很少遭遇人类并因此免于一死呢？[7]其他研究显示，在更新世末期，安的列斯群岛的其余地方也与新世界的巨型动物灾难隔绝开来。何种灾祸会吞噬大陆却放过附近的岛屿呢？马丁推测，那只能是人祸，因为人类到达岛屿需要更多时间。在马丁看来，这是安的列斯群岛灭绝故事给我们上的首要一课。[8]在谈及新世界物种大灭绝的原因时，这些证据对人类共犯论的支持虽然是间接的，但却一直最能说明问题。

图H.4 伊斯帕尼奥拉的森林景象：与南美洲现生猴有亲缘关系的猴类动物曾生活在古巴、伊斯帕尼奥拉和牙买加。骨骼证据表明，图左上的伊斯帕尼奥拉猴体型中等，体重4千克，不是特别灵活。当时的其他猴类物种似乎也是如此。安的列斯群岛各种本土懒兽的运动习性各不相同。仅5～10千克重的小型懒兽是树栖动物，而海地大地懒则大得多，重约70千克，可能主要在地面上活动。图中的几种动物都挺过了始于约6 000年前的首次人类殖民，但在16世纪欧洲殖民活动开始之前，它们很可能已经消失了。

亚欧大陆北部

马丁知道，亚欧大陆始终是过度猎杀假说的解释难点。早在60万年前，早期古人类就存在于欧洲。在更东边的高加索地区，人类最早出现在180万年前，过着狩猎生活。[9]来自北非和中欧的新证据显示，完全现代的人类早在30万年前就从前代谱系分化出来。若事实如此，这意味着与我们一样的人类已经在旧世界生活了相当长的时间。俄罗斯科学院的弗拉基米尔·皮图尔科（Vladimir Pitulko）和阿列克谢·提克霍诺夫（Alexei Tikhonov）最近在西伯利亚中部的叶尼塞地区发掘了一处晚更新世遗址，名为索波奇纳亚·卡尔加（Sopochnaya Karga）。该遗址的记录显示，4.5万年前，人类在那里屠杀了一头猛犸象；大约3.55万年后，还是在那里，最后一头猛犸象咽了气。这是因为西伯利亚古猎人的破坏速度比较慢吗？还是说那里的猛犸象识破了人类的捕食者身份，因而坚持了更久呢？又或者说那里的猛犸象——哪怕在一段时间里——对气候变化的反应优于它们的北美表亲？

马丁并不缺乏亚欧大陆巨型动物灭绝的证据，因为在漫长的更新

1.亚洲直牙象
2.斑鬣狗（现存）
3.欧洲野驴
4.狷羚（现存）
5.窄鼻犀（一种史蒂芬犀）

图H.5 黎凡特——亚洲与非洲的交汇点：1 500万年以来，西南亚的黎凡特一直是亚洲大陆与非洲大陆的交汇点，这充分体现在本图所描绘的亚非物种大融合。猸羚现仅存于非洲，但在晚更新世，它们的栖息范围远至西奈北部。斑鬣狗现在也仅存于非洲，但在中更新世，它们的分布十分广泛，遍及从英国到中亚的广大地区，但到更新世末期就已经从亚欧大陆消失了，原因不明（或许是由于气候变化或狼的竞争）。亚洲直牙象的体型是现生非洲象的两至三倍。没有证据表明史蒂芬犀属的任何种挺过了末次冰盛期并在那之后又坚持了很久。欧洲野驴的命运则更加神秘，它们可能灭绝于晚全新世，但也可能与其他马科动物发生了杂交。

世里，确实有许多物种从亚欧大陆消失了。马丁缺乏的是与新世界物种损失同期且可识别的亚欧大陆物种**集中**损失期。在更新世末期，亚欧大陆灭绝了几个物种，灭绝时间与南北美洲的物种大灭绝相差无几，这便允许马丁提出一个跨大陆的共同原因。但问题是，亚欧大陆的大部分物种损失似乎发生在更新世较早的时候，远远没有进入更新世末端的“闪电战”范围内。例如，洞熊以及一种或多种史蒂芬犀（见图 H.5）可能消失于更新世末期前夕的末次冰盛期。洞熊是完完全全的食草动物，这对熊类动物来说似乎是一种奇怪的适应。在大多数现生熊种的食物里，植物的确占很大比重，所以我们不妨把现生熊种看作投机性杂食动物。[10] 在亚欧大陆，适应温带甚至极地气候的犀牛有好几种（见图 H.6 和图 H.7），史蒂芬犀仅是其中的一类。这些动物与生活在同一

图H.6和图H.7　消失的犀牛：“犀牛”二字难免让人想到如今仅出没于非洲和亚洲的热带地区、顶着骇人尖角的庞然大物。但在近时期，犀牛的分布范围十分广泛，特别是在亚欧大陆，从西班牙到菲律宾，从北极到赤道，它们都占据了适合的栖息地。尽管犀牛在适应方面明显是成功者，但在更新世末期之前，中高纬地区的所有犀牛种都消失了，包括图中的这两种犀牛。西伯利亚板齿犀（右）和长毛犀（左）都属于超级动物，重 2 000～3 000千克，喜好开放的栖息地，十分耐寒。与长毛犀亲缘关系最近的现存物种是极度濒危的苏门犀，体重仅是长毛犀的四分之一。在晚更新世，苏门犀遍布东南亚大陆的大部地区，甚至向西延伸至印度，但由于人类的迫害，苏门犀正在快速消失，现仅存于苏门答腊岛、婆罗洲①和马来西亚半岛等地的热带森林。在右图中，一只西伯利亚板齿犀偶遇两只高鼻羚羊（现存于中亚）。板齿犀与其他种类的犀牛差别很大，最显著的区别是板齿犀只有一支角。近来有人戏称其为“独角兽”，也就是中世纪绘画和挂毯上常见的那种神兽，通身的皮毛柔顺亮泽，外形像马，还是偶蹄目动物呢。不过就凭最后这一点，板齿犀也绝不可能是独角兽的原型。②

---

①　婆罗洲（Borneo）是该岛的马来语名称，印尼语作加里曼丹岛（Kalimantan）。

②　因为板齿犀是奇蹄目动物。

时期、同一地区的更新世古人类有广泛的交集，但与往常一样，几乎没有或者根本没有关于它们消失的直接证据。它们是因为气候巨变、觅食困难灭绝的吗？还是说，它们由于其他原因经历了长期衰退，最后所剩无几，难以存续？又或者说，我们必须假定人类参与其中才能一了百了地解答所有问题？[11] 说到底，这些动物的消失同其他灭绝案例一样，可以与任意一种灭绝理论松散而又合理地联系起来，以至于无论套用哪种理论去解释，我们竟都无法反驳。

在亚欧大陆，除了早于马丁预测的物种损失之外，还有比预期晚得多的物种损失，这与“恐怖切分音”所描述的灭绝模式严重不符。我们现在知道，爱尔兰巨鹿（见图B.3）等少数几种巨型动物一直延续到了全新世早期，而真正引起关注的是大幅推后的物种损失。最著名的例子是东西伯利亚海弗兰格尔岛上的长毛象，它们一直活到约4 000 年前。[12] 这样的例子不止一个。在白令海南部毗邻阿拉斯加的地方有许多小岛，合称普里比洛夫群岛（the Pribilofs），其中圣保罗岛（St. Paul Island）上的长毛象坚持到了约 6 000 年前。生活在亚洲北部北极周边陆地上的长毛象似乎比北美大陆的长毛象多活了 1 000 年左右。这些“例外”使任何一种简单的猛犸象灭绝情境都变得复杂起来。[13] 亚欧大陆北部的新模式表明，在不同情况下，不同猛犸象种群以不同的速度缩小直至消失。这样看来，物种损失可能并不是一次空前的同步大崩溃，而是有先有后，错落发生。

萨胡尔古陆

在关于第四纪晚期大灭绝主因的争论中，萨胡尔古陆也是各派的交锋点。萨胡尔古陆指澳大利亚和新几内亚在海平面较低时形成的联合陆块。无论以何种标准衡量，我们都可以说，萨胡尔古陆的物种在更新世末期遭受了重创（见图 H.8—图H.10）——90% 的巨型脊椎动物物种消失了，没有留下比红袋鼠（体重可达 90 千克）更大的哺乳动物。相比之下，北美洲和南美洲的物种损失率约为 75%。[14] 萨胡尔古陆上发生了什么？

一个研究小组最近提供的证据表明，早在 6.5 万年前，人类就生活在澳大利亚北领地（Northern Territory）的马吉德比比（Madjedbebe）洞穴遗址。[15] 这个年代已经超出了放射性碳测年法的测量范围，而且我们在澳大利亚也找不出几个年代及马吉德比比

1.猛袋狮
2.袋貘
3.亚纳沙袋鼠
4.粗壮吻金卡纳鳄（归马氏鳄亚科）
5.波氏树袋鼠
6.类河马双门齿兽

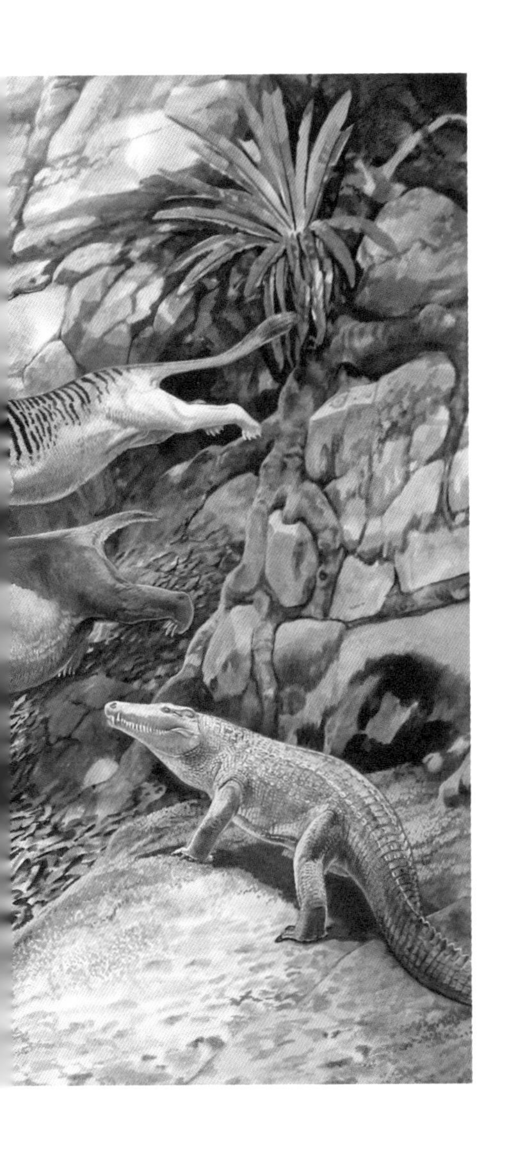

图H.8 澳大利亚东南部森林全景图：澳大利亚东南部的森林地区至今仍是这片大陆最具多样性的地区之一，非季节性河流吸引着野生动物到此栖息繁衍。在本图中，一头猛袋狮正在攻击一对袋貘。袋貘重200千克，长相怪异，可能如图所绘是半水栖动物，有时被拿来与有胎盘的河马做比较。猛袋狮重100～130千克，体型同大型美洲狮差不多，具有断线钳式的下颌骨，可以施加相对于其体型而言巨大的咬合力，而且很可能如图所绘善于伏击捕食。插图左上方是一种现已灭绝的树袋鼠和它的幼崽，远处有一对巨大的沙袋鼠。插图右下方是一只未成熟的粗壮吻鳄，这是一个全陆栖物种，属于太平洋鳄鱼（见图L.2）中一个已灭绝的类群。据估计，粗壮吻鳄的成年个体长达6米，与更新世澳大利亚最大的捕食者——澳洲的古巨蜥（见图B.2）体型相当。

一半古老的遗址。这有可能说明，几万年来人类并不是萨胡尔古陆动物群的常见要素。重要的是，我们目前还无法确定，从 6.5 万年前到其他较晚遗址的这段时期里，人类与巨型动物是否有互动，而且即使有互动，我们在现有的客观记录里也找不到任何相关信息。除了新南威尔士州的卡迪泉（Cuddie Springs）遗址外，我们在萨胡尔古陆没有发现被加工过的骨骼或其他足以证明人类影响此地晚更新世动物群的直接证据。如此有限的数据没有实用价值。显然，如果人为迹象广泛存在，那意味着还有更多的识别工作要做。另外需要注意的是，卡迪泉遗址可能受到过重大干扰，所以尚有争议。[16]

在大量塔斯马尼亚挖掘物的基础上，拉特罗布大学墨尔本分校（La Trobe University in Melbourne）的考古学家理查德·科斯格罗夫（Richard Cosgrove）证明，在 4 万年前，萨胡尔古陆古人类的猎捕对象是袋熊和沙袋鼠，而不是巨型动物。科斯格罗夫认为，这可能是猎人刻意做出的选择，因为从脂肪与肉的比率来看，作为食物，较小的哺乳动物优于大型哺乳动物。但在这个问题上，马丁认为古人类狩猎的目的是获得肉，所以猎物越大越好。科斯格罗夫还补充说，巨型动物群可能早就消失了或者凋零殆尽，因此很少或根本没有被人类猎杀。[17]

如果不是人类狩猎，那又是什么力量致使萨胡尔古陆几乎所有的巨型脊椎动物都消失了呢？自上新世末期（近 300 万年前）以来，澳大利亚的干旱化日益严重，但荒漠化进程时快时慢。事实上，极端的气候变化一直都是澳大利亚生物群无可奈何的生活现实。在更新世，随着中高纬度冰川作用带来的大气和海洋热盐环流的变化，湿润期与干旱期交替出现。这与同一时期世界各地的情况并无不同，但气候变化在西太平洋造成的环境影响似乎被严重放大了［类似我们今天的厄尔尼诺–南方涛动（El Niño-Southern Oscillation），但规模更大］。从 4 万 ~ 5 万年前开始，澳大利亚和新几内亚经历了一段严重的干旱期。这个时间点与萨胡尔古陆大多数巨型动物的灭绝时间精确匹配。澳大利亚的内陆变得异常干旱，开阔、稀疏的干燥森林被一种不可食的硬叶灌木（叶子小而坚韧的植物）取代，这种灌木便是今天覆盖澳大利亚大部分内陆地区的植被。由于盛行的信风和每年的季风，萨胡尔古陆的东海岸，特别是昆士兰北部和邻近的新几内亚，气候没那么干旱。这些地区想必一度是巨型动物的避难所，但最终也未能扭转大势。自然界普遍存在且仅在哺乳动物粪便上生长的小荚孢腔菌（见第 116 页方框内文字）可作为替代性证据证明巨型哺乳动物的存在。在距今 4.1 万年前的沉积物岩芯中，小荚孢腔菌的孢子数锐减，木炭含量陡增，说明这是萨胡尔古陆巨型哺乳动物最后存在的时间。人类在干旱期当然也不好过，但好歹熬了过去。没有任何迹象表明，人类对种群日益衰减的大型哺乳动物、鸟类和爬行动物（见图 H.9）施加了任何形式的打击，所以更谈不上这些物种是因为人类的“致命一击”而最终彻底灭绝。

图H.9　忍者！在澳大利亚中南部艾尔湖边的桉树林里，一只欧文氏忍者龟和一只拉法短面袋鼠正在心满意足地进食。[18]澳大利亚不仅盛产巨蜥和巨蛇，这里还有更新世最大的巨龟。忍者龟的体型还没有完全建模复原，但它们的体重可能在200千克左右。图中的这种忍者龟是欧文氏忍者龟，现已灭绝，我们在南太平洋的许多地方都发现了它们存在过的证据，其中包括新喀里多尼亚（New Caledonia）、豪勋爵岛（Lord Howe Island）和瓦努阿图。萨胡尔古陆的忍者龟可能灭绝于约4万年前，但至少有一个忍者龟的亲缘物种在瓦努阿图的一个岛上幸存下来，直到约3 000年前人类首次登岛后才最终灭绝。我们在考古遗址发现了带有屠宰痕迹的龟骨。下面说点愉快的事情吧：美国自然历史博物馆古生物学家尤金·加夫尼（Eugene Gaffney）想到用漫画人物忍者神龟给这类巨龟命名，真可谓心思巧妙啊！

小荚孢腔菌——灭绝期真菌

科学家寻求多个替代性证据的支持，是因为替代性证据越多，科学家越有可能做出正确的推论。近年来，一个不同寻常的替代性证据越发受到科学家的青睐，因为它的行为似乎与巨型动物种群规模的剧烈波动呈现出相关性。[19] 这里的基本原理很简单：小荚孢腔菌是一种仅在哺乳动物粪便上生长的真菌，所以哺乳动物的种群规模越大，粪便就越多，湖底岩芯或洞穴沉积物中也就应当有更多小荚孢腔菌的孢子。在已确定年代的北美洲岩芯中被标记为 1.2 万 ~ 1.3 万年前的位置，孢子数量显著下降，通常降到背景水平，然后在全新世回升。我们在北美洲的西部和东北部以及马达加斯加都得出了一致的结果。最近在澳大利亚得出的结果与较早时期的物种损失有较强的相关性。[20] 但用小荚孢腔菌作为替代性证据有两个问题：一是合适的取芯地点不一定在巨型动物的最佳分布地点或者迁徙路线上，二是孢子出现率剧烈波动的真实原因仍要依靠其他证据来推断。局部孢子数量锐减既可能意味着人类施加迫害的开始，也可能与气候变化或其他因素有关。

除了利用各种技术提取孢子和花粉外，科学家还尝试从沉积物中提取动植物的DNA。在育空北部等常年被冰雪覆盖的环境中，DNA 不仅得以相对完好地留存在骨骼和牙齿中，而且还以独立短片段的形式保留在土壤中。我们可以把取自结冻沉积物的短岩芯拿到实验室，分析和检测特定的“指纹”序列。在缺乏某个物种的实物遗骸时，我们有时可以借助这些序列确定该物种是否出现过。

因此，鲜有澳大利亚的考古学家和古生物学家支持过度猎杀假说，他们中的大多数人更倾向于将环境变化视作物种灭绝的驱动因素。然而，澳大利亚著名的哺乳动物学家蒂姆·弗兰纳里（Tim Flannery）对目前掌握的少量事实持截然不同的看法。他认为，人类不仅导致了澳大利亚的物种灭绝，同时也驱动了环境变化。这是典型“闪电战”场景的变形，而破坏因素正是人类手中的火。[21] 弗兰纳里接受过度狩猎发生过的观点，但他认为，更为可能的杀戮机制是早期人类活动所致的环境变化，比如人类为驱赶猎物或开垦原始农田习惯性焚烧易燃植被。干阔叶林一度占据了澳大利亚大陆东部的大部分地区，但在 4 万～4.5 万年前逐渐被荒漠吞噬，同时又出现了一种反常的林火状况（fire regime）。这可能是人类过度焚烧的结果，也可能是因为吃高处树叶的巨型食草动物消失后，森林地面的火媒积累到了危险的水平，再或者两种情况兼有。干阔叶林无法从灾难性的燃烧中恢复过来，最终后退到大陆东缘的零星地区，取而代之的是具有超强化学防御能力的硬叶植物（耐旱植物）。这类植物可以抵御吃高处植物的哺乳动物，于是在澳大利亚的内陆地区不断扩张，最终形成了我们今天所见的生物群系。新几内亚受到的环境影响较小，但结果是一样的（见图 H.10）——巨型动物被困在有害的环境变化与人类施加的迫害之间，逃无可逃，终归是死路一条。在这个不同于经典“闪电战”的情境里，人类仍然高居物种损失因果链的顶端，难辞其咎。[22]

在另一版本的“过度猎杀”模型研究中，建模者弗雷德里克·萨尔特（Frédérik Saltré）和他的同事强烈质疑气候变化导致萨胡尔古陆物种损失的观点。他们的研究表明，澳大利亚的物种灭绝与过去 12 万年里的气候变化不相关，这一观点相当于把物种灭绝的罪责推回到人类头上。[23] 他们的结论有一个必要条件——人类与动物群有 1.35 万年的时间重合，这已经大大超出一次完整的经典过度猎杀模型实验所需的时间跨度。前面提到，有证据表明人类早在 6.5 万年前就生活在澳大利亚北部，所以重合时间应当延长到 2.3 万年左右。萨尔特等人认为，在适当条件下，普通狩猎–采集者的资源利用水平有可能导致物种彻底灭绝。换句话说，他们认为人类单枪匹马在跨越近时期将近一半的时间里，造成萨胡尔古陆物种大灭绝，在此过程中既没有气候变化或其他因素推波助澜，也没有任何物种幸存下来——这与马丁当初的任何一种设想都不一样。

长久以来，关于萨胡尔古陆物种损失原因的研究停滞不前。无论持何种观点，所有人都认为，主要原因在于缺乏准确的年代测定结果。大量且准确的年代测定结果是

图H.10 新几内亚的有袋“大熊猫”：在萨胡尔古陆，新几内亚的化石记录比澳大利亚的还要少，动物群的多样性也明显低一些，尤其是对大型物种和已适应干燥气候的物种来说。插图中央的动物是托马氏胡里兽，体重只有100千克，跟它的澳大利亚亲戚类河马双门齿兽（图G.4和图H.8）相比，它的体型要小许多。托马氏胡里兽身形矮胖，略像大熊猫，而且可能跟大熊猫一样，以吃嫩叶为生。图中托马氏胡里兽头顶的树枝上站着一只绶带长尾风鸟（现存）。

了解所有灭绝事件的基础，而对澳大利亚和新几内亚来说，这个问题很难解决。我们已经确定了澳大利亚的几百个晚更新世遗址，但能够得出放射性碳测年结果的只有20来个。这是因为许多遗址的年代可能已经远远超出放射性碳测年法的有效范围，也就是说，这些遗址的历史远大于5万年。除此之外，还有样本降解的问题。胶原蛋白（骨骼中含量最丰富的一种蛋白质）通常用于直接测定骨骼和牙齿的年龄，但在浅洞穴、古代湖底等炎热环境下无法完好地保留下来，而澳大利亚更新世化石多发现于这样的环境。光释光测年法有助于填补一些空白，为4万多年前的萨胡尔古陆巨型动物大灭绝提供最有力的证据。总之，萨胡尔古陆的年代问题尚无科学共识，但如果大部分的物种损失被证实发生在人类到达之后的1万～2万年，那么经典过度猎杀假说作为一种普适性解释将会陷入困境。

非洲

马丁估计，非洲在晚更新世损失了约15%的巨型动物（见图H.11），而北美洲约为75%。为什么差别如此悬殊呢？马丁认为，非洲之所以逃过此劫，是因为非洲的巨型动物物种已经与解剖学意义上的现代人接触了几万年，甚至是几十万年。在漫长的岁月里，人类不断改进工具和狩猎策略，而动物们也在不断习得新的回避行为并传给后代。在进化论中，这种现象被称作行为协同进化。自然选择仍在继续，这意味着在猎物种群内部，学习迟缓的动物会被淘汰出局，而感觉敏锐的个体会活下来并将优质基因遗传给后代。此外，非洲有多种食肉动物，它们与史前人群形成了竞争关系。这迫使猎物与多种捕食者达成平衡，从而利于猎物物种的存活。毫无疑问，非洲古人类猎捕动物，但狩猎强度远不至于把某个物种消灭干净。正因如此，他们的狩猎活动才是可持续的。

在过去50年中，非洲的考古调查从未间断，由此获得的大量证据表明，在更新世最末期和全新世的非洲，解剖学意义上的现代人的确猎捕动物，但这些证据几乎全都与现存物种相关，无法证明已灭绝物种曾被人类决意追杀，可见过度猎杀导致物种集中损失的情境放在非洲是不成立的。

对此，除了马丁提出的行为协同进化论之外，还有其他解释。研究人员一直在思考，晚更新世非洲大陆的物种损失模式有别于其他大陆会不会有别的原因。例如，广

1.惧河马
2.平原斑马（现存）
3.雷氏直牙象
4.牛背鹭（现存）
5.朱马长颈鹿
6.窄角巨羚
7.西瓦兽

图H.11　东非大裂谷全景图：数百万年来，东非裂谷肥沃的火山土壤一直是多种食草哺乳动物的栖息地。火山土壤极利于化石的保存，无与伦比的化石记录记载着此地更新世动物的生活样貌，但大多数遗址的年代落在早更新世与中更新世之间，而不是晚更新世。图中的惧河马、窄角巨狷羚和平原斑马与它们的现生亲缘物种非常相似。朱马长颈鹿有纤长的脖颈和腿，酷似现存的非洲长颈鹿。相比之下，西瓦兽虽然也是长颈鹿的一种，但外形却相去甚远。若以旁边的平原斑马为参照物，雷氏直牙象可谓庞然大物。雷氏直牙象是非洲森林象的近亲，但体型比非洲森林象大得多。牛背鹭可能最早起源于非洲或亚欧大陆的邻近地区，现在几乎遍布全球的热带和温带地区。它们的命运与这些巨型动物截然相反——不仅没有灭绝，还因为与人类和家畜的联系而种群兴旺。

阔而存续长久的草原栖息地可能起到类似“安全阀”的作用，令大多数非洲巨型食草动物安然渡过近时期的兴衰变迁。非洲最后一段严重的干旱期出现在距今 2.6 万年至距今 1.6 万年前，与北半球的冰川作用同期。那时，草原扩张至雨林地带，食草动物因此大为受益。在冰川作用末期与全新世早期之交，非洲的气候变得温暖湿润，赤道雨林随之恢复，但由于西非的季风变强，草原开始向撒哈拉地区延伸。至少对一部分非洲巨型动物来说，在 7 000 年前到 4 000 年前的这段时期，它们的分布范围最广。全新世中期之后，非洲草原后退到今天的位置。所谓人类施加的迫害强也好，弱也罢，反正大多数非洲巨型动物物种都延续至今。

对岛屿物种损失的再思考

虽然对于大陆物种的灭绝原因，过度猎杀派和气候变化派争执不下，但不论哪一派都认为，现代（即最近 500 年）的岛屿物种损失是人类活动造成的。[24] 大致在欧洲地理大发现和人类占领初期，安的列斯群岛出现了一波物种损失，大部分哺乳动物和多种鸟类灭绝了。这可能是几个世纪以来环境退化、人类开荒和物种入侵（特别是鼠、猫鼬和猫）共同酿成的恶果。[25] 整个太平洋地区在晚近时期灭绝的鸟类无疑也是死于人类活动。[26]

但并非所有的岛屿物种损失都发生在晚近时期，而且新的研究工作也带来了一些惊喜。亚洲以东的岛屿群西起印度尼西亚和菲律宾，东到日本，是一个动物宜居带。在 50 年前马丁研究脊椎动物大灭绝时，没有多少关于这个地区的数据可用，但新的年代测定结果带来了重大突破。近年来，人们在多个岛上取得重要发现，其中印度尼西亚东部弗洛勒斯岛的发现尤其引人关注。第 4 章提到的已灭绝古人类——弗洛勒斯人——令这个岛远近闻名。古生物学家从岛上梁布亚洞穴遗址的化石中识别出许多巨型动物，比如巨型食腐鹳和矮剑齿象（见图 H.12）。[27] 这些物种存活到大约 5 万年前，此后再无踪影。这看似是一则典型的岛屿灭绝故事，但不那么典型的是，这则故事还有续篇——在岛上生活了几十万年的弗洛勒斯人从未把哪种动物赶尽杀绝，但智人一来，弗洛勒斯人很快就消失了。

图H.12 矮象和水牛：在海平面较低的时期，由今印度尼西亚中西部的大部地区所组成的巽他古陆与东南亚大陆时断时续地连接起来，这使东南亚大陆的物种很容易迁移过去。剑齿象与现生大象有亲缘关系，但自成一科，即剑齿象科。在更新世，它们是印度尼西亚许多岛屿动物群的典型成员。与大象迁移到地中海岛屿的情况一样（图J.3），迁移到岛上的动物们体型变小了。爪哇岛的本土物种爪哇矮剑齿象主要生活在中更新世，但其他地方的剑齿象一直活到了晚更新世。[28]已灭绝的长角爪哇水牛与现存水牛（又名亚洲野水牛）区别不大，或许不能算一个独立物种。虽然这些岛屿在更新世损失了一部分哺乳动物和鸟类，但在（解剖学意义上的）现代人到来之前，物种损失既不广泛，也不集中。

第9章

尸体何在以及其他反对意见

图I.1　马进入南美洲：在300万年前至200万年前的美洲动物大迁徙期，多种动物经由刚刚形成的巴拿马地峡北上或南下。马就是在那时从北美洲进入南美洲，并在热带无树草原和潘帕斯平原这样的环境中繁盛起来的。在委内瑞拉北部至巴塔哥尼亚的更新世南美洲遗址中，马化石十分普遍。20世纪30年代，美国自然历史博物馆考古学馆长朱纽斯·伯德（Junius Bird）发掘了智利南部的菲尔洞穴（Fell's Cave），并在那里发现了与人工制品存在明确联系的南美洲已灭绝巨型动物的骸骨，这是最早有此类发现的遗址之一。起初，伯德担心"如果这些骸骨被证实属于欧洲人带来的某种动物，那么我们根据以往工作得出的所有结论就都是错误的"。幸运的是，基于放射性碳测年法的研究"证明，我们找到了这匹古马被早期南美原住民猎食的首个证据"。[1]

尸体在哪儿?

在保罗·马丁的研究之初，可用的放射性碳测年结果似乎在某种程度上支持人类到达与动物群突然消失之间存在相关性，但其他形式的证据并不支持，或者充其量算是中立。例如，在澳大利亚和美洲等发生大规模物种损失的地方，几乎普遍缺乏大规模猎杀场存在的证据。这一点非常重要。按理来说，澳大利亚和美洲的遗址不仅应当有大量的动物遗骸，还应当有人类施加直接影响的痕迹，比如被宰杀动物的骨头、被丢弃的工具、加工场以及其他人类活动的特征。如果灭绝果真如“闪电战”那般迅速，则理论上应当有很多这样的遗址。然而，事实并非如此。

当然，我们并不缺乏早期北美原住民猎捕巨型动物的证据，不过他们每次只攻击一两只动物。此类证据大多涉及美洲野牛和第1章介绍的两种长鼻目动物[①]。至于其他北美洲巨型动物物种，没有任何迹象表明它们与人类之间有过致命的互动，或者换句话说，至少我们没有找到很有说服力的证据。如果史前人类以马丁所主张的方式在整个大陆扩散，那么沿途应当遍布大屠杀的遗迹——巨型动物的遗骸堆积如山，景象阴森恐怖。然而，这样的证据是绝对缺失的，甚至连勉强算得上屠杀遗迹的证据都没有。对这个显而易见的矛盾，马丁是这样解释的：“用一个爆炸模型就可以解释为什么在明显的猎杀场里缺乏与远古印第安人工制品有联系的灭绝动物遗骸。只有在大型猎物丰富的少数几年，猎人的人口密度才达到很高的水平。猎人不需要费力驱赶或者精心布设陷阱就能抓到猎物。”[2]

就这个问题，争论从未停息，但说辞并无新意。过度猎杀派称，大规模猎杀场的缺失其实无关紧要，因为化石稀缺本就是常态，而且无论如何，缺乏证据不等于证据不存在。过度猎杀假说的反对者则质疑说，若物种确实因人类的**过度**狩猎而消亡，相关证据怎会如此匮乏？人类大规模屠杀动物必定会在地理景观上留下许多痕迹，有些应当在考古记录中有很好的呈现。我所说的痕迹并不是偶尔卡在动物脊椎骨里的克洛维斯矛尖，也不是带有三五道划痕的动物骨头，而是在所谓的过度狩猎期里人类密集屠杀动物的证据。[3]我们在北美洲进行了几十年的考古调查，至今依然没有发现年代

① 即哥伦比亚猛犸象和美洲乳齿象。

图I.2　野牛源于亚洲，在大约18万年前经由早期的白令陆桥进入北美洲。这些新来者在北美洲如鱼得水，很快将栖息范围扩张至整个大陆。图中的这种野牛是长角野牛（*Bison latifrons*），种加词*latifrons*意为“宽额的”，这是因为它有两个长角，角核之间的距离据估计可达2.4米（角鞘通常无法以化石形式保存下来）。除宽额长角之外，长角野牛看起来就像大号的现代野牛，但我们尚未得到长角野牛的DNA，所以无法确定它与现代野牛的遗传差异。从图中可以看出，不同于现存的美洲野牛，长角野牛的前躯不是特别多毛。这与我们今天的观察结果是一致的，即大角动物的“炫耀性毛发”往往较少。

为晚更新世的大型猎杀场，只有美国和加拿大北部平原的一些野牛涧勉强接近我们心目中的大型猎杀场。所谓野牛涧是指人类将美洲野牛赶到悬崖边上，逼迫它们跳崖的地方。人类或许在更新世的最末期利用野牛涧围捕美洲野牛，但几乎所有经过完善测年的野牛涧都比距今5 000年晚得多。无论这种浪费的狩猎方式对史前美洲野牛种群有何影响，从长远来看这些影响都无关紧要，因为美洲野牛活到了今天。

南美洲的情形与北美洲类似。我们在已确认的猎杀场或勉强有可能算是猎杀场的地方发现了几种巨型哺乳动物，比如南方乳齿象、星尾兽、大地懒和马（见图I.1、图I.3和图K.3）。[4] 尽管巨型动物在南美洲的栖息范围比北美洲略广，但在同年代的南美洲考古遗址中，最常见的两种大型哺乳动物是原驼和鹿。它们都是幸存者。

内华达大学雷诺分校（University of Nevada at Reno）的考古学教授加里·海恩斯（Gary Haynes）是坚定的过度猎杀派，他对尸体缺失这一问题思考颇多。他的研究重点是克洛维斯考古学文化，因为在他

图I.3 星尾兽（一种雕齿兽）是最晚灭绝的史前巨犰狳，重2 000~4 000千克，是名副其实的巨型动物。相比之下，最大的现生犰狳只有约25千克重。所有更新世雕齿兽都有装甲尾，而星尾兽的装甲尾升级成一柄颇具杀伤力的狼牙锤，锤头布满尖锥。如此奇特的尾巴或许可以吓退捕食者，但更有可能用于种内搏斗。得胜者自然可以称王称霸，独得雌兽的芳心。在本图的场景中，两只雄兽已经摆开架势。右边的雄兽大力挥舞狼牙锤抽打对方，而后者貌似要在反击前先醒醒神。我们发现了带有深坑的星尾兽背甲，这想必是打斗留下的痕迹，足以证明本图描绘的遭遇战确实发生过。

看来，克洛维斯人即便不是北美洲过度猎杀的唯一实施者，也是主要实施者。完善的测年结果显示，克洛维斯遗址的年代范围是1.34万年前至1.29万年前。他承认巨型动物遗骸与克洛维斯沉积物之间的确凿联系十分罕见，但他认为这是因为动物骸骨很少被发现，也很少得到准确识别。他还引用现代证据证明，由于风雨侵蚀，加上食腐动物、无脊椎动物和微生物的作用，以骨骼和牙齿形式留存下来的猎杀场废弃物往往很快就会消失。他从对晚近时期骨沉积的现实研究得出一个结论：不管在文化环境还是非文化环境，遗骸留存在统计学上永无可能。但问题是，他所研究的骨沉积与晚更新世化石区处在完全不同的年代范围，沉积条件也不一样。尸体极度罕见的问题依然没有解决。[5]

然而，过度狩猎派有一点是对的。要理解这一点，我们需要对史前两个大灭绝期进行埋藏学比较。一个是本书讨论的晚更新世北美洲大灭绝，另一个是白垩纪-古近纪大灭绝。说到后者，在约6 600万年前，希克苏鲁伯（Chicxulub）小行星撞击地球，造成所有非鸟翼类恐龙和70%以上的物种灭绝。值得注意的是，北美内陆地区的西部是地球上少有的几个年代可精确追溯到约6 600万年前的化石区之一，这里埋藏着无数恐龙化石。我们推断，其他大洲的非鸟翼类恐龙与北美洲的霸王龙、鸭嘴兽和角龙是同时灭绝的，但这一推断主要通过反证得出。换句话说，在全球范围内，没有任何迹象表明，鸟翼类恐龙之外的任何一种恐龙挺过了中生代-新生代界线。[6]

在近时期北美洲损失的物种里，许多巨型动物的末次出现时间与猛犸象和马重合，但准确的测年记录相对少很多，所以我们很难判断这些物种的消失速度。[7] 此外，物种灭绝时间落在人类居住期之内并不能直接证明灭绝是人类猎杀所致。例如，一些已灭绝的北美骆驼种在晚更新世很常见，而截至目前，我们只在位于阿尔伯塔省南部、距今 1.2 万年的沃利海滩（Wally's Beach）遗址找到了人类猎杀骆驼的确凿证据。[8] 我们究竟能不能把人类参与北美骆驼灭绝的证据建立在如此薄弱的基础上呢？答案取决于我们如何看待个体观察结果。我们可以假定未来会取得更多相似的观察结果，从而使当前的单个观察结果具有代表性。但我们也可以认为个体观察结果未经验证，所以不能提供任何有用的信息。两种处理方式各有可取之处，但我认为，对于缺乏证据支持的主张，我们还是谨慎为好。[9]

海恩斯专注于已证实的克洛维斯文化遗址，因为他认为，在北美洲巨型动物灭绝期里，只有克洛维斯文化形成了猎杀巨兽的传统。我们在北美洲的 16 个遗址找到大量关于人类猎捕猛犸象和乳齿象的证据，这些遗址的年代范围约为距今 1.45 万年至距今 1.2 万年，相当于平均每 150 年左右出现一个猎杀场。然而，即便猎杀场的真实数量比这个数字大上几个数量级，也达不到"闪电战"的烈度。我们目前还没有（或未认可）任何一件克洛维斯的人工制品定年在该区间最初 1 000 年以内。在克洛维斯人之前，会不会有来自其他文化的猎人与这些巨型哺乳动物互动了至少 1 000 年呢？很有可能。第 4 章提到的佩奇-拉德森乳齿象遗址可追溯到约 1.45 万年前。根据发掘者的说法，那里的人工制品肯定不属于克洛维斯文化。这并不是说克洛维斯人当时不存在（与未被发现相对），但如果不同的人群在距今 1.5 万年前或更早就已进入北美洲并与巨型动物互动，那么作为马丁假说基石的"恐怖切分音"情境就越发站不住脚。

远古过度狩猎经济学

在听到或看到一个说法的时候，这个说法的含义要么自然浮现于你的意识中，要么作为不易察觉的模因①在你的潜意识里暗涌。“过度狩猎”这个说法也是如此。这个意味深长的说法到底是什么意思呢？如果更新世末期的人类以马丁假说的方式在美洲大陆活动，他们追捕猎物的行为凭什么被视为“狩猎”，而不是“随机屠杀”、“难以抑制的杀戮本性”或者“过度猎杀”呢？换句话说，远古猎人是在执行一项可识别、目标明确且需要一定训练、策划和预谋的任务吗？他们这样做是出于同等可识别的原因吗？[10]毕竟，我们没有任何依据认为他们这样做的真实**用意**就是将动物赶尽杀绝。马丁认为，远古猎人之所以过度狩猎，最有可能是为了维持肉的供应，以保证高生育率，所以他们全然不顾这种方式在实际操作中会造成多大的浪费。这种论断带有半马尔萨斯式的决定论色彩，即更多的食物总是意味着更多的新生儿，但其实马丁从未深入讨论过这个问题。在后来的论著中，他不再强调肉的积累，但也没有完全放弃这个观点。[11]

在今天的经济活动里，有一种行为可以拿来与更新世猎人的过度狩猎做比较，那就是为满足当地的食用需求猎取野生动物的肉，但其实两者在大多数方面不具有可比性。例如，非洲的商业狩猎往往是偶然而非高度有组织的行为。最重要的一点是，商业狩猎的对象通常是容易捕获的鸟类和小型哺乳动物（比如蝙蝠、啮齿动物、猴子等），而不是巨型动物。[12]用简单设备猎捕大型哺乳动物的做法显然会给猎人带来巨大的风险，弄不好还有性命之忧。另外，猎物到手之后，除非有一套流畅的机制保证猎物被充分利用，否则这必定是一笔高风险、低回报的赔本买卖。一般说来，野生动物市场既不需要，也不具备这样的加工能力和营销水平。

偷猎犀牛和大象更适于拿来做比较，因为针对这两种动物的偷猎活动已成规模且目标明确。偷猎固然可耻，但其本质是经济行为，所以我们有必要从经济学角度解释其合理性。尽管有反偷猎法和反偷猎监测，但偷猎这种非法行为很可能会持续下去，甚至随着猎物减少、价格飞涨而变本加厉、日益猖獗。然而我们有理由假设，偷猎作为一种市场行为早晚会停止，或者大幅减少。消费者的品位不会一成不变，偷猎成本会超出市场的承受力，猎物总有一天会少到无处可寻——任何一样都可能给偷猎行为永远画上句号。待到那时，很难讲少数的漏网之兽是否足以令种群恢复过来。[13]

马丁的史前过度猎杀模式也有类似的特征（见图 I.4）。远古猎人使用专门的狩猎工

① 模因（meme，也译“觅母”），文化的基本单位，通过非遗传方式在人与人之间传递，在语言、观念、信仰、行为方式等传递过程中所起的作用类似基因在生物进化过程中的作用。

图1.4 猎捕梅氏犀：这个场景放在了亚欧大陆，里面的古人类是尼安德特人，而不是现代人类的祖先。但我们的问题不变——尼安德特人有能力用简单工具维持高强度的狩猎并引起广泛的种群崩溃吗？[15]

具，优先猎捕大型动物。实际参与猎捕活动的人并不多，至少开始的时候只有几个人。与今天的偷猎者一样，北美洲远古猎人可能肆意挥霍猎物，只把眼下需要的部位带走，残尸一律丢在原地，因为在他们看来，反正往前走猎物有的是。[14] 全球的考古记录表明，人类偶尔收集象牙和骨头，用来制造工具和饰物，也可能还有其他用途，但马丁认为，获取有用的原材料并不是过度狩猎的主要目的。

要注意的是，猎物被杀死后并没有成为社会性的肉供应源。要想把肉留给亲属食用，猎人必须把肉存放起来，这必然涉及运输和储藏的问题。随身带走猎物尸体的一小部分、丢弃绝大部分的做法按理说

相当古老。例如，在4.5万年前西伯利亚北部索波奇纳亚·卡尔加遗址，古人类杀死猛犸象后，把象舌与舌骨器（位于颌骨下、支持舌肌的一组小骨头）的连接部割断，取下象舌带走，完全不在意猛犸象身上其他容易切取的部位。如果只靠人力运输的话，那么肌肉紧实、易于切割的舌头显然比关节部位更适合带走，因为关节部位处理起来太费事。第四纪晚期的一些猎杀场显示，猎人仔细处理哪些部位，又刻意留下哪些部位，都有明显的选择性。[16]

不过，偷猎与史前过度狩猎之间的相似之处也就这么多了。与远古猎人相比，现代偷猎者有很多优势。他们拥有快捷的交通工具，比如汽车、直升机、轻型飞机，还有枪和用之不竭的子弹，只需轻轻扣动扳机，猎物便会应声倒下。相比之下，晚更新世北美洲猎人的装备实在是太寒酸了。对装备精良的现代偷猎者而言，经验和技巧对于能否完成一次干脆利落的猎捕并不重要，但对南美洲的远古猎人来说就是猎捕成功的关键，比如猎捕雕齿兽同猎捕嵌齿象、懒兽和南方有蹄类动物（见图I.5）完全是两码事。

图I.5 水洼边的一群后弓兽：后弓兽是一类奇特的哺乳动物，体型如马。在1834年"小猎犬号"探险期间，查尔斯·达尔文在巴塔哥尼亚南部发现了第一批后弓兽化石。当时，达尔文对这些化石的身份一无所知。近几年的分子学调查结果最终确定，巴塔哥尼亚长颈驼（一种后弓兽）与今天的马、犀牛、貘等奇蹄目动物是远亲。从头骨可以看出，它的面部有个肉质的大鼻子，其尺寸和功能不明。后弓兽曾出现在南美多地，尤多见于晚更新世的干草原。巴塔哥尼亚长颈驼活到了全新世初期，但没有证据表明它们是人类的猎物。相比之下，常被远古猎人追捕、不会飞的美洲小鸵（又名达尔文三趾鸵鸟）反而幸存下来，成为今天巴塔哥尼亚地区最常见的物种之一。

最后一点，在更新世末期，生活在新世界大陆部分的各种巨型动物，无论它们有多么聪明，似乎都不大可能对猎人做出整齐划一的反应。在许多情况下，有些物种本该更容易被逮到，而另一些物种则没那么容易就范或者根本抓不到。还有一些物种本应当在人类尚未进入或不能立即进入的地区坚持下去。我在前面的章节中提到过，有些发生重大物种损失的地方出现了个别物种延长存活的情况，并且给出了几个实例，但请注意，这样的例子并不多。有代表性的放射性碳记录显示，新世界的物种损失是骤然发生而不是交错发生的。[17] 灭绝事件一旦结束，受损物种几乎荡然无存，只剩下少数漏网之兽苟延残喘。难道真如马丁所言，人类的过度狩猎好似一场海啸淹没了整个美洲大陆，卷走了几乎所有的大块头动物？抑或灭绝是由其他单个或几个因素造成的？

群与猎物过剩

若要把过度猎杀当作一个有效的灭绝因素，那么猎杀活动必须在一个狭窄的年代范围内达到极高的强度，从而杜绝猎物种群恢复的可能。假设人类在更新世末期的北美洲和南美洲实施过度猎杀，那么在任何一个给定的时间点，远古猎人获取的动物尸体必定远多于他们的实际利用水平。简单地说，过度猎杀必然导致猎物过剩。这引出了几个关于过度猎杀的有趣观点，有的观点甚至颠覆了人们对史前文化组织能力的推断。

我们把最小的人类社会结构称作“群”。考古学家乔治·C. 弗里森（George C. Frison）认为，群没有足够的社会组织力或凝聚力，无法实施极端狩猎，也无法有效利用过剩的猎物。[18] 当然，考古记录显示，群水平的狩猎和采集是更新世末期北美洲人类的主要经济行为，同时没有任何证据显示还存在其他形式的经济活动。在弗里森看来，人类确实捕食猛犸象和其他巨型动物，并有可能在某些情况下造成可观的影响，但决定物种生死的更有可能是其他因素。几乎没有任何考古证据表明北美洲古人类猎捕马和骆驼，但它们还是从北美洲消失了，反倒是被人类野蛮围捕的野牛幸存下来了。

至于肉的储藏，目前没有任何证据表明新世界的首批人类获取并储存过剩的猎物。[19] 然而，密歇根大学的古生物学家丹·费舍尔（Dan Fisher）认为，更新世猎人的创造力被低估了。为了说明这一点，他进行了几次有趣的储肉实验，所采用的储藏方式对生活在温带地区的早期人类来说不难办到。有一次，费舍尔在冬季把大肉块放进冰封的浅湖里，到开春时拿出来给全家人吃。不管你怎么想，反正谁都没吃出毛病！肉块与水的接触面蠕动着一层泡沫状的细菌和小有机体，但很容易去掉。里边的肉足够新鲜，吃完不会损害健康。当然，这种保鲜方法或者类似的方法能否在更新世末期的北美洲广泛应用或许值得商榷，但心灵手巧的人类完全有可能想出别的办法处理过剩的猎物（比如烟熏），并且放心地吃掉了这样的“储备肉”。如果不必辛苦奔波就能维持基本的食物供应，人类为什么还要不停地过度狩猎呢？

所有这些都可以归结为一个问题：由流动的小型亲属群组成的北美洲早期移民，仅仅通过不间断的传统狩猎和采集行为，有可能在几十万平方千米的土地上迫使几十个物种走向灭绝吗？要达到致物种灭绝的猎杀水平，这些移民必须结成至少半永久性的狩猎团队，长时间团队作业。这有悖于人种志的一个基本原则——群出于单一且短暂的目的（比如年度狩猎活动）结成大群，目的达成后大群便会解散。[20] 通常情况下，为达成某个眼前目标而结成的个体间合作，会在目标实现后立即结束。此外，以群为单位的社会有个特点——领导力弱且变化无常。在这样的社会里，永久性的狩猎团队怎样保持专注、维持纪律呢？在那些明显没有过剩食物的社会里，人类又是怎样处理本该堆积如山的动物的肉和其他身体部位呢？如果这样的社会促成了马丁假设的更新世末期人口大爆炸，那么为什么在已知的考古记录里，更高水平的经济组织形式出现得那么晚呢？猎人放弃猎物的肉会不会是因为过度猎杀冲动已经嵌入了基因，与理性的经济行为毫无关系呢？最后这个问题在引人深思的同时又令人感到不安，甚至让我们想到一种更阴暗的获取过剩食物的方式。

过捕——“鸡舍现象”

对每个营养级的捕食者来说，不管是捕食性浮游生物还是大型食肉哺乳动物，杀死超过直接食物需求量的猎物是一个普遍现象。[21] 这被称为鸡舍现象（Henhouse Syndrome）或过捕（surplus killing），1972 年由动物学家汉斯·克鲁克（Hans Kruuk）首次提出。他以斑鬣狗和赤狐为对象开展了一项里程碑式的研究，他认为：

> 饱腹状态并不会抑制食肉动物继续**抓获**和**杀死**猎物，但可能确实会抑制它们**寻**

找和追逐猎物。因此，食肉动物具有获取“易得猎物”的能力，但饱腹状态通常会限制猎物被捕杀的数量……许多乃至所有食肉动物都具有一些行为模式，允许它们把猎物留待日后利用，或者留给同一社会单位的其他成员或自己的后代食用。[22]

在克鲁克的开创性工作之后，人们对过捕进行了更多调查研究，研究结果进一步支持和扩展了克鲁克的观点。例如，一项以野狗和狐狸等外来捕食者为对象的研究指出，“过捕事件似乎反映了猎物物种在遭遇陌生、高效、无进化接触的捕食者时做出的无效抵抗”[23]。野狗在 5 000 ~ 6 000 年前被引入澳大利亚，狐狸进入澳大利亚也不过一个半世纪，两个物种给澳大利亚的野生动物带来了严重影响。在已观察到的过捕事件中，野狗的目标一般集中在家畜的幼崽身上，这或许是因为家畜天性温顺，易于攻击（见第 10 章）。狐狸则是不分青红皂白，杀死任何在其首选体型范围内的猎物。

克鲁克还认为，过捕可能有进化功用。过剩的猎物可供捕食者的家庭成员食用，这种社会性的行为有助于捕食者的遗传禀赋得以延续。假设早期人类也如同其他捕食者那样，杀死的猎物数量超出直接食物需求量，那么我们至少在理论上可以提出过度猎杀的根本动机——为猎人自己或亲属提供过剩的猎物，以供将来利用。但是，过度猎杀真的是升级版的过捕吗？人类行为的复杂性使我们很难下结论。马丁与佛罗里达大学的戴维·斯特德曼（David Steadman）合著的一篇论文简要谈及了过捕。他们的结论是：过捕或许可以解释一些岛屿物种损失，但无法从总体上解释第四纪大灭绝。在下一章，我们将讨论岛屿物种的灭绝。

第10章

更多质疑：遗传基因的背叛？

图J.1 巨大的恐鸟与娇小的鹪鹩：在第四纪晚期，全球大大小小的岛屿物种几乎全部消失了。插图下方的几只小鸟是原产于新西兰的约氏粗腿鹪鹩。它们体型虽小，但可能主要在地面上活动。一只巨足动物从它们的头顶跨过，这是一只雌性北岛巨恐鸟（最大的恐鸟种）。约氏粗腿鹪鹩可能只有几克重，而北岛巨恐鸟可能重达250千克。多种鹪鹩曾生活在南岛和北岛。图中一大一小两种鸟都活到了波利尼西亚时期，而后来之所以消失，可能是因为森林砍伐引起了生态变化。鹪鹩灭绝还有可能与早期毛利人引入的缅鼠（又名波利尼西亚鼠）有关——贪吃的缅鼠把鸟蛋吃光了。[1]

猎物无知：谬见抑或真相？

保罗·马丁的批评者指出，猎物无知论经不起大量常识检验，也不符合近期的动物行为研究结果。首先，无论从哪个意义上讲，美洲巨型动物物种都不可能是无知的，马丁对此亦不否认。在美洲巨型动物的进化环境中，大型食肉动物（包括哺乳动物和鸟类）从未缺席。它们与大型食肉动物共存于同一地理景观，必定对后者发展出很好的适应，比如通过嗅觉和视觉线索发现捕食者并迅速采取行动，对同类或其他物种发出的警示信号做出反应。现存物种也具备这样的先天能力。

第二，如果确实存在一种“普遍的”猎物临危反应，为什么习惯于本土捕食者的巨型动物在新威胁（人类）出现时没有自动做出适当的反应呢？与许多关乎生死的行为一样，猎物对捕食者做出反应的能力具有很高的遗传成分。例如，群居的有蹄类动物具有高度发达的社会结构，每个声音和动作都会立即引起它们的注意。因此，当遇到非常状况时，它们绝不可能痴傻无知地待在原地。然而，对捕食者的察觉并非全部源自本能，至少哺乳动物的习得反应也能代际传递，或者与其他更普遍的临危反应融合起来。

马丁没有详细描述猎物无知的差异程度，但他承认，缺乏经验的北美洲巨型动物还是有可能最终弄明白人类的意图的（如果还没有被人类杀光的话），只是在他的“闪电战”情境中，这些动物没有学习的机会。1973 年，他在《科学》杂志发表了一篇颇具影响力的论文。他在文章中指出，早期的远古猎人在美洲一边移动，一边进行“艏波状”或“前线推进式”的破坏活动，所到之处，动物死绝，放眼望去，前方还有无数懵懂无知的动物任人宰割。于是，沿着滚滚向前的“前线”形成了“人群”（40 人 /100 平方千米的社会群体，不仅有猎人，还有其他人），他们猎杀和加工沿途遇到的无知动物，并以 16 千米 / 年的平均速度前进。[2] 按照马丁的描述，几年之内，“前线上易受攻击的大型动物会大幅减少乃至消失。随着动物群消失，前线人群继续前进，而留下来的人被迫去寻找新的资源”。

我们把这些人称为“留守者”（4 人 /100 平方千米）。他们想必是以更可持续的方式猎捕动物，同时也可能采集一部分食物。食物供应的增加促使前线猎人和留守者的人口同时大幅增长，按照马丁所估计的 1.4% 的年增长率来计算，人口在 800 年后达到地理“饱和”。[3]

不管马丁是不是在打比方，人们普遍认为他的“艏波”概念过于简单化，甚至完全站不住脚。早期人类在向整个美洲扩散的过程中，或许能够以惊人的速度在开阔的平原上移动，但沿途必定还有裂谷、高地、大大小小的沼泽、遮天蔽日的热带森林等诸多险要的环境，他们要么艰难穿行，要么费时绕过，但绝不可能快速穿越。即便出于讨论的需要姑且假定早期远古猎人快速穿越大多数自然环境，我们仍然不能简单地认为，他们有能力将沿途几乎所有巨型动物物种都摧残到无一幸存、不可恢复的境地。

从生物学角度看，马丁的过度猎杀假说有一个薄弱环节。他的假说若要成立，则几乎所有受迫害物种的个体数量必须在“前线”人群纵贯美洲的过程中，骤减到无法恢复的程度。[4] 马丁和他的支持者声称有一些物种起死回生的例子，而现存的美洲野牛是特别有趣的一例，因为它们竟然逆着灭绝大潮，成为全新世北美洲占据支配地位的食草动物。作为大型食草动物，美洲野牛可能受益于猛犸象和马的消失。这两种动物也都喜爱草原栖息地，它们的消失自然会减少美洲野牛的种间竞争（见图 J.2）。没有了激烈的竞争，美洲野牛的数量剧增，特

图J.2 野马：500 万年前，也就是上新世早期，现生马科动物（马、驴和斑马）的祖先在北美洲进化，它们的后代最终通过陆桥来到南美洲和亚洲。[5]追根溯源，现代家马的祖先来自亚欧大陆，经历了最晚始于 6 000年前的驯化实验。现存于中亚的普氏野马可能正是这种早期家畜的代表，但这种说法尚有争议。无论如何，早在驯化开始之前很久，现代人便与野马互动，因为在亚欧大陆旧石器时代的考古学遗址常见带有屠宰痕迹的野马骸骨。与北美洲的情况不同，亚欧大陆的马幸存了下来。东欧的野马一直存活到 19 世纪，但很可能只是逃脱人类驯养的家马而已。

别是在更新世–全新世过渡期之后的北美洲中西部地区，因为那时没有体型可以与美洲野牛抗衡的食草动物。但是，这样解释美洲野牛的幸存只会让其他物种没能幸存下来这一事实更加令人费解。为什么在现存野马（西班牙人带去的马的后代）自由驰骋的北美洲西部，本土马没能坚持下来呢，哪怕少量存活？如果野牛、麝牛、叉角羚、鹿、驼鹿等熟悉的北美洲大型偶蹄目动物坚持到了今天，为什么同样生活在北美洲、同为偶蹄目动物、都曾在间冰期森林和干旱地区种群繁盛的西部驼在更新世末期灭绝了呢？不可否认，在更新世末期的北美洲，偶蹄目下的个别属损失了一些种，但骆驼科是唯一一个完全消失的主要谱系。这是为什么？不善适应，还是纯粹因为运气欠佳？这些问题尚无答案。对此我们不乏心理准备，但同时也意识到，具体到每个巨型动物物种在近时期生死存亡的原因，我们可以说一无所知。[6]

岛屿综合征

“温顺”一词有很多含义，其中一个含义与驯化动物的行为特征有关。经过人类几千年的培育，驯化动物对人类的反应是可靠和顺从的。它们没有攻击性，也不会做出其他惹人不快的行为。简单地说，它们已经从基因层面被人工选择来表达温顺。

这个词也可以用来形容经过强化训练改变行为的野生动物，比如老式马戏团里的海豹或狮子。它们学习用鼻子顶球或者穿火圈来取悦驯兽师，而作为回报，驯兽师会给它们美味的食物或者其他诱导物。不同的是，经过高度选择的家犬能够在各类环境中预测人类的行为并做出反应，这是由遗传基因决定的。而换作野生动物，这是一个“特定刺激–受限反应”机制，必须通过不断重复和强化来实现。因此，在驯兽师和受训的野生动物之间，不存在“跨物种的心有灵犀”，双方都在学习以一种刻板的方式行事，在确保驯兽师不被吃掉、动物不被虐杀的前提下，达到一个有限的目标。其他因素或许也很重要，比如驯兽师是否有能力在隐含的权力等级中占据阿尔法（主导）地位。驯化动物的温顺源于人工选择形成的强烈遗传倾向，而把“温顺代码”写入野生动物的行为则是一个习得过程。

在非驯化动物中还有另外一种行为的标志也是“温顺”，但这种行为不是个体学习或人工选择的结果，而是与生俱来的，是一种极其不同的选择机制的副产品。这种行为在文献中常被称为“生态无知”或“行为无知”，且与岛屿生物紧密相关。正如戴维·卡门（David Quammen）在《渡渡鸟之歌》（*The Song of the Dodo*）中所写，历史上几乎所有先天温顺的案例都出现在岛屿特有的物种身上。很难相信，猎人明明已近在眼前，而这些动物却如此被动麻木。[7] 虽然这些案例发生在现代而非史前的近时期，但了解岛屿物种的先天“无知”有助于我们理解先天行为因何会促进而不是阻止灭绝。

这里有一个令人毛骨悚然的例子。澳大利亚东岸有座小岛，名为豪勋爵岛，面积只有14平方千米，最早发现于1788年，之后只是偶有人类造访，但岛上的大部分鸟种还是灭绝了。据说在过去500年里，豪勋爵岛至少损失了15个鸟种和亚种，超过了非洲、亚洲和欧洲灭绝鸟种的总和。白喉林鸽现广泛分布于太平洋地区，它在豪勋爵岛上的代表是已灭绝的亚种豪勋爵鸽（见图10.1）。豪勋爵鸽面对人类时的

图10.1　顺我者亡：白喉林鸽广泛分布于印度尼西亚东部、新几内亚和南太平洋其他地区。图中的灰颏白喉林鸽是白喉林鸽在菲律宾的现生本土亚种，也是豪勋爵鸽的近亲物种，两者毛色相似。豪勋爵鸽由于人类的过度迫害于19世纪50年代消失了。

行为既令人心碎又难以理解，鸟类学家让-克里斯托夫·巴鲁埃（Jean-Christophe Balouet）写道：

> （这些）鸽子……数量很多，又不怕人，傻乎乎地停在树枝上，见人过来也不飞走，抬手便可抓到。船员们抓到鸽子后，会把鸽子腿掰断。声声哀鸣招来更多同类，然后这些同类也不幸被逮住。[8]

再说说哺乳动物的例子。这个故事与白喉林鸽类似，只是没那么悲惨。福克兰群岛狼曾生活在福克兰群岛（即马尔维纳斯群岛）上，是 17 世纪末欧洲人登岛后遭遇的第一种本土犬科动物（见图 10.2）。这个物种的拉丁学名 *Dusicyon australis* 意为“南方的蠢狗”，用来形容它简直不能再贴切了。19 世纪 30 年代早期，达尔文在“小猎犬号”

图 10.2 福克兰群岛狼又名福克兰群岛狐，但其实它既不是狼也不是狐。与它亲缘关系最近的物种是现存于南美洲的鬃狼，但鬃狼同样不是狼。1834 年，达尔文在访问福克兰群岛期间听说了福克兰群岛狼，他后来预言这种动物很快就会“步渡渡鸟的后尘”。真可谓一语成谶——福克兰群岛狼 1876 年最后一次出现，此后再没有人见过它们。

航行期间到过福克兰群岛，当时这种犬科动物尚在，但由于其毛皮价格不菲，数量已经大大减少。达尔文对福克兰群岛狼无知、轻信的行为倍感惊讶：

> 这种狼出名地……温顺和好奇，水手却误把它们当作猛兽，有人甚至在见到它们的时候跳进水里躲起来。直到今天，它们还是老样子。有人看到它们钻入帐篷，扯拽着被水手枕着的肉。高乔人（Gaucho）惯常在夜里实施诱捕，猎人一手擎肉，一手执刀，静待它们上门送死……不消几年工夫……这种狼就会步渡渡鸟的后尘，从地球表面绝迹。[9]

那么，这些以前很少或从未与人类接触过的岛屿物种到底经历了什么呢？大多数关于现代的早期报告都不够详细，不足以让我们得出可靠的结论。但目前看来，这些岛屿哺乳动物和鸟类甚至没有进行最简单的躲避，比如避开人类的行进路线，或者在人类经过时藏起来。“温顺”一词不包含对未知物如此无所谓的反应，自然也不会涵盖临危反应。这些动物是因为不必争抢资源或领地、缺乏捕食或互斗的经验才如此呆滞吗？还是说它们的所有行为本领由于早期对岛屿生活的普遍适应而被彻底修改，以至于对新状况的反应或学习能力受到了限制？遗憾的是，我们可能永远都找不到答案。研究人员正在尝试寻找不同种类哺乳动物的某些性状之间的关联，进而间接做出推断。

例如，苏黎世大学的马塞洛·桑切斯·比利亚格拉（Marcelo Sánchez-Villagra）及其同事最近注意到一种被称作“岛屿综合征”（island syndrome）的现象——岛屿物种表现出一些独特的形态和行为特征组合，比如短肢、两性异形减弱、早熟和温顺。他们基于众多指标认为，固定（fixation）或者说选择某些影响早期胚胎发育的突变可能会形成相互关联的性状组合。[10]这里有一个关键的例子。某些特殊细胞（神经嵴细胞）会从胚胎的一个部位向另一部位协同迁移，之后被接入并分化成特定的组织，比如色素细胞、平滑肌和头盖骨架。随着胚胎继续发育，影响分化的突变接下来可能在所谓的级联机制下影响许多系统。即使受影响的个体存活下来，在正常情况下，它与环境的适合度可能仍然弱于同物种的其他个体。然而，对正在适应岛屿生活的种群来说，如果适合度的定义已经改变，那么结论可能是相反的。古生物学证据表明，岛屿物种的一些特征（比如出现在大象身上的体型缩小现象）会严重削弱它们与大陆环境的适合度，但却能帮助它们适应多种岛屿特有的恶劣严酷、资源匮乏的环境（见图 J.3）。[11]

这一观点具有特殊意义。驯化物种表达的性状集合与岛屿综合征类似，也就是各性状之间并无显而易见的联系，但都可以追溯到早期的发育偏误。这就是“驯化综合征”（domestication syndrome）。与岛屿综合征的不同之处在于，驯化动物表达的性状集合是人工选择早熟、弱攻击性等特征的结果。可见自然选择和人工选择产生了显著趋同的结果，这使岛屿综合征假说具有一定的解释力，但岛屿物种的“生态无知”和驯化动物的“温顺”在发育级联中是否同源尚需进一步研究。至少目前看来，这为福克兰群岛狼、豪勋爵鸽和其他几十个岛屿物种没有及时“习得”察觉捕食者的能力提出了一个可能的答案——正是最初使它们成功适应岛屿生活的基因背叛了它们。

图J.3　与黇鹿（现存）一般大的矮象：与现生大象相比，塞浦路斯矮象和福氏矮象（另见图D.6）等地中海岛屿矮象的生长速度很快。现代非洲象在11～14岁达到性成熟，而有分析认为，更新世矮象的发育要快得多（比如福氏矮象4岁性成熟），平均寿命只有25年，孕期11～12个月，仅是现代非洲象的一半。现在尚不清楚其他岛屿物种是否也出现过这种快速发育的现象。[12]其他研究表明，如果对小体型的自然选择很强，则体型缩小的过程会非常迅速。在资源减少或不确定的情况下，侏儒化的物种具有高度的适应性，这种情况常出现在岛屿环境中。有趣的是，与大象和河马一样，鹿也成功来到地中海岛屿。图中的这只鹿是波斯黇鹿。这个物种可能在新石器时代被引入塞浦路斯，但没能幸存下来。

第 11 章

其他假说：探索无止歇

图K.1　箭齿兽——达尔文眼中“有史以来最奇怪的动物”：南方有蹄类动物是南美洲独有的动物类群，灭绝于近时期。图中犀牛大小的拉普拉塔箭齿兽是最后消失的南方有蹄类动物之一。在“小猎犬号”探险期间，达尔文收集到首批拉普拉塔箭齿兽化石，并且一度把这个物种描述为“有史以来最奇怪的动物”，因为它集大象、啮齿类动物、海牛等众多物种独有的性状于一身。[1]正如后弓兽令他感到困惑，他同样不知道该把箭齿兽放在哺乳动物谱系的什么位置。如此奇特的“性状大杂烩”促使他奋力思考如何用自然选择去发展进化论。他在专门记录物种演变的笔记中写道，南美洲化石和加拉帕戈斯群岛物种的特征令他大为震惊，“这些事实是我所有的想法，尤其是后来想法的源头”。[2]没有确切的证据表明南美洲早期印第安人猎捕箭齿兽。

正如前文所述，在尝试对近时期大灭绝做出解释的过程中，学界形成了两大经典派别——气候变化派和人类迫害派[①]。讲到这里，我们必须承认，两派之争已经陷入僵局，再无新鲜感可言。无论对哪一派来说，赖以支撑的论据都屈指可数，更不必说两派各自面临无数显而易见的矛盾，难以自圆其说。然而，物种损失业已发生，我们必须做出解释。为此，是时候打破藩篱、另寻出路了。我认为，气候变化和过度猎杀不应被视作近时期大灭绝的唯二候选原因，也就是说，我们没必要生硬地把所有物种灭绝都归因于二者之一。时至今日，人类对这个亘古最大的灭绝谜题依旧激情满怀。本章将简要介绍三个新假说，它们以挑战两大派别的崭新思路，帮助我们重新思考“发生了什么”和“为什么会发生”。

食物网崩溃说

物种因体型获益的同时，也必须付出代价。诚然，大型哺乳动物的基础代谢率（每日的能量消耗）通常较低，但由于体型庞大，它们仍需摄入大量食物才能维持身体的运行。大量进食很重要，尤其是当这些动物的食物中含有需要集中消化处理的物质时（比如有蹄类动物吃的草）。这便涉及一个有趣的问题：对于一个物种，正常食物供应严重中断与其灭绝的可能性之间有没有关系（或者说有多大关系）？要讨论这个问题，让我们先来了解“食物网”的概念。

我们通常用“食物金字塔”来描述营养级，即物种在食物链中的位置。金字塔顶端的食肉动物吃食草动物，食草动物吃草，如此顺着塔身向下，最后归结到万事万物的能量之源——太阳。其实，这是对实际情况的简化描述。生态学家倾向于使用更为恰当的“食物网”来强调能量获取关系的复杂性。顾名思义，食物网不是多条能量“单行道”的简单串联，而是一张盘根错节的能量关系网。

推断已灭绝生态系统的食物网动态是一项复杂的任务，这里的原因有很多。第四纪研究有一个难点——很多灭绝物种没有接替物种。这严重损害了生物多样性，使我们今天的生态系统带有与生俱来的缺陷。多样性受损不仅降低了生态复杂性，而且受

① 即过度猎杀派。

损范围越大，残余生态系统缺失的要素就越多。因此，在重建史前食物网时，我们必须小心谨慎，不能想当然地认为史前食物网应当与今天的食物网类似。灭绝物种所处的食物网有哪些参与者？它们各自扮演什么角色？它们在不同的条件下吃什么？随着条件变化哪些行为会利于或危害它们的生存？这些我们都未必清楚。在你我看来，晚更新世是已灭绝巨型动物的天下（见图 K.1 和图 K.2），生态环境异乎寻常，但事实上，真正异乎寻常的是先天不足的今日世界。

最近，基于上述想法，乌拉圭共和国大学的安赫尔·塞古拉（Angel Segura）、理查德·法里尼亚（Richard Fariña）和马蒂亚斯·阿里姆（Matías Arim）尝试模拟体型对晚更新世南美洲食物网崩溃的影响。在灭绝物种研究中，体型是少数几个我们能够可靠估计的生理参数之一，这让我们可以对灭绝物种和生态学意义上的现代对应物种进行有意义的比较。研究人员把灭绝物种分为食肉动物和非食肉动物，然后对潜在捕食者和潜在猎物的体型进行交叉比对。为了提高模型的真实性，他们用一个函数来计算物种的脆弱性，即确定一个体型较小的潜在猎物物种有多少种体型在合理范围内的捕食者。然后，他们将研究结果与已知的现代非洲捕食者和猎物的体型分布进行比较。[3]

也许毫不奇怪的是，通过这种方法重新构建的更新世南美洲食物网与现代非洲的食物网差别不大，只是前者涉及的捕食者和猎物有着更宽泛的体型范围。在更新世的南美洲，就成年个体而言，只有少数几个物种完全不被其他物种捕食，这与现代非洲的情况类似。在现代非洲，只有大象和犀牛这两种哺乳动物没有天敌（这里当然不考虑人类狩猎）。根据对两地情况的模拟，塞古拉等人发现，所有大型捕食者都倾向于追逐大型猎物。这大概是因为捕食成本太高，若无巨大的回报岂非得不偿失。

然而，正如前文所说，无论是狮子、刃齿虎、大象还是懒兽，所有巨型动物都必须大量进食。如果可利用的能量源较多，食物网系统可以运转得很好，但能量源急剧减少，那么物种的存续就会受到影响。在能量源不足的时候，无论食肉动物还是非食肉动物，都会转向价值较低的能量源，比如营养成分较少的植物或体型较小的猎物。塞古拉等人认为，这种能量源转换是自然发生的，而且如果动物群能够承受能量源不足造成的整体压力，就不会走向灾难性的结局，但如果同时出现其他压力源，情况可

图K.2　或许这才是有史以来最奇怪的哺乳动物？要不然就是我们太过无知，所以总是喜欢大惊小怪。袋貘（另见图H.8）的体型跟小马差不多，与古草食有袋属、袋犀属和其他双门齿目动物有亲缘关系，是萨胡尔古陆某一独特谱系的最后成员。它之所以被命名为“袋貘”，是因为鼻孔形状暗示它有一个与貘相似的肉质长鼻，但可能没有什么实际功用。它有两个奇怪之处：一是可伸展的舌头（有些人这样认为），二是细长的前肢和扁平的大爪子。有些古生物学家认为，这两种适应暗示着它用有力的四肢将植物块茎连根拔起，或者把树枝拉低，以便用那条神奇的舌头够树叶吃。最近，古生物学家发掘出一个未变形的袋貘头骨，可见其眼窝位于头的上部。这又启发学界提出一个新的观点：袋貘的习性可能更像河马，大部分时间都待在水里（貘也是喜水动物）。这种观点体现在图H.8中。

能会急转直下。在1.3万年前的南美洲，持续的干旱化、森林碎片化和植物生产力[①]下滑已经使体型最大的物种面临营养日益不足的问题，人类的出现无异于雪上加霜，并最终将这些物种逼上绝路。他们得出如下结论："基线条件（如能量源的可得性）的任何变化，或者有能力的新捕食者出现，都可能把这些物种推上直达地狱的高速路。"这表明，食物网崩溃是主要因素，人类捕食是次要因素，而如果两个因素同时出现，动物们便在劫难逃。人类的到来成为压垮物种的最后一根稻草。最终，在更新世南美洲只有少数巨型动物活到了生态系统"先天不足"的今天。

气候变化导致食物网崩溃的观点为南美洲巨型动物的易灭绝性提供了一个令人信服的解释，但是大型物种应对生态变化的能力当真如此有限吗？这是又一个困难且有趣的问题。古生物学家理查德·法里尼亚设计了一个思想实验并提出了一个激进的想法。他认为，面对日益不确定的环境，美洲大地懒（见图K.3）完全可以变成投机性食腐

图K.3 最大的美洲大地懒可能重达2 000～4 000千克，其现存远亲三趾树懒仅有5千克重，所以前者的体型大约是后者的400～800倍。体型与美洲大地懒相当的成年大象每天要消耗100～300千克的植物，其非睡眠时间都要用来消化食物。若美洲大地懒也是如此，那么食物供应中断或食物质量严重受损必然会给它们带来毁灭性打击。然而，不管更新世的气候变化对它们的食物供应有多大影响，大地懒和猛犸象都幸存下来了，直到解剖学意义上的现代人出现。图中这只美洲大地懒的脚边有一只小心翼翼的南美泽鹿（又名沼泽鹿，现存）。与美洲大地懒相比，南美泽鹿显得非常矮小，但其实它是南美洲最大的鹿种，平均体重100千克。

① 生产力，生态学概念，指生物生产物质的能力，通常用单位质量 / 单位面积·单位时间来表示，比如克 / 平方米·天。

动物，从而利用其他能量源。他的思想实验以北美洲杂食性的棕熊（又称灰熊，现存）为原型，而棕熊之所以成功存活下来，正是因为它们吃包括腐肉在内几乎所有能吃的东西。现代生态学研究表明，物种在食物网中的位置不是一成不变的，但对绝大多数物种来说，这种弹性只能维持一段时间。通常来说，一旦暂时的困难变作长远的现实，动物们要么迁移到别处，要么坐以待毙，除此之外，别无选择。事实上，不论美洲大地懒有没有变成食腐动物，结果都没有区别。环境变化也好，人类狩猎也罢，又或者二者共同作恶，美洲大地懒和更新世南美洲的其他许多大型哺乳动物都没能逃脱灭绝的厄运。[4]

另一个值得关注的想法也很激进：大型食物网局部崩溃可能会产生连锁反应，间接导致位于食物网其他位置的物种灭绝。这是埃琳·惠特尼-史密斯（Elin Whitney-Smith）"次级捕食假说"（second-order predation hypothesis）的一个附带观点。该假说认为，晚更新世北美洲的远古猎人为减少对首选猎物的竞争，消灭了本土食肉动物，进而引发了生态灾难。远古猎人的做法破坏了捕食者与巨型食草动物在种群数量上的自然平衡，导致猎物物种经历了"先盛后衰"的过程——猎物数量暴增，继而环境枯竭，最终爆发大规模的物种灭绝。[5]

尽管一些严格受限的实验研究表明，这种"先盛后衰"的周期有可能导致局部灭绝，但如果将规模放大到大陆尺度，同时牵涉几十个乃至几百个物种的复杂相互作用，这样的食物网很难通过模型重新构建。对美洲的早期远古猎人来说，在当时的技术条件下，控制其他捕食者的种群规模是一项极具挑战性的任务（个别地区除外）。此外，哺乳动物具有高流动性，所以本地资源枯竭带给它们的影响不同于生态学实验中常用的微生物。虽然迁移可能导致栖息范围和种群规模大幅收缩，但总好过留在原地等死。

最后，没有任何证据表明，晚更新世西伯利亚或北美洲的猎人对可能与人类形成竞争的大型食肉动物（比如大型猫科动物、狼、熊、鬣狗，见图 K.4）实施局部灭绝，进而占领新的领地。尽管巨型食草动物的崩溃必定会使晚更新世食物网解体，但人类是否与此有直接或间接的关系仍不清楚。除非我们找到证据，证明在北美洲巨型食草动物于更新世末期灭绝之前，人类曾大规模打击其他捕食者，否则次级捕食假说不太可能成为近时期物种损失的一个合理解释。

图K.4　短面熊与刃齿虎的野牛肉之争：巨型短面熊是第四纪北美洲最大的陆栖食肉哺乳动物。据估计，它肩高2.5～3.5米，重约800千克，相当于成年野牛，由于口鼻相对较短，所以俗称“短面熊”。前文提到过的另一种已灭绝的南美洲短面熊——潘帕斯短面熊（见图B.4）的体型更大。关于短面熊的食物，科学界分歧巨大。有人认为它们是超级食肉动物，也有人认为它们是食腐动物。本图所描绘的虎熊对峙似乎不太可能发生，但可以反映一些古生物学家的观点，即短面熊主要食腐，依仗高大的体型强行掠夺其他食肉动物的猎捕成果。

超级疾病假说

1997年，病毒学家普雷斯顿·马克斯（Preston Marx）和我提出了疾病假说，我们为这个假说起了一个更为引人注意的名字——超级疾病假说。我们认为，在某些情况下，新发传染病可能会给种群和物种造成致命影响，成为物种灭绝的主因或辅因。在首次生物接触时，对外来病原体缺乏先天或后天抵抗力的物种，面临的灭绝风险尤甚。[6]

马克斯和我设计了如下情境：携带致病有机体的人类来到新陆地（这些有机体可以是任何生物，包括脊椎动物和无脊椎动物）并引发兽疫，疫情不断升级，在广大地区危害一个或多个物种的许多个体，迅速导致不可恢复的种群崩溃。除了造成动物大量死亡之外，兽疫还会严重破坏繁殖行为，阻断生育过程。虽然种群遭破坏的形式有很多种，但我们最容易想到的是大批动物，尤其是大批育龄个体猝死。免疫系统衰退的老年个体和免疫系统发育不全的幼年个体也不能幸免。

超级疾病假说旨在解答一个问题：北美洲、南美洲和全球各岛为什么骤然损失了多个物种？在保罗·马丁和他的支持者看来，直接、有意的人类行为要为此负责，不可能有别的解释。普雷斯顿·马克斯和我则认为，这或许意味人类在某种程度上参与其中，但鉴于灭绝发生得如此迅速，把过度狩猎看作主因是不合理的，必定还有其他因素在起作用。世界上有一种已知的力量，既不用刀枪棍棒，也不用成群结队，就打赢了人类历史上无数场灭绝之战，那就是人类最强大的盟军——超级疾病。所以说，我们可以把超级疾病假说视作另一种过度猎杀假说，区别在于超级疾病假说里的加害者是在无意间犯下了大错（见图11.1）。

与其他人为理论相比，超级疾病假说有两个理论优势和一个严重缺陷。先说说优势。超级疾病假说对首次生物接触之后突发的物种损失做出了另一种解释。在典型的过度猎杀说中，人类以狩猎或其他形式公然实施迫害；在超级疾病假说里，人类并非**主动做**了什么，而是无意中**引入**了什么。疾病被引入之后，会在从未接触过这些疾病的动物种群中极速传播，导致动物死亡。

前文提到，在考古学记录中，关于人类猎捕更新世巨型动物的证据十分有限，而超级疾病假说可以对此做出更合理的解释。过度猎杀假说认为，大屠杀的痕迹大多已被时间和大自然抹去，现有的少量证据可被视作对这场大屠杀的随机抽样。马克斯和

图11.1 超级疾病来袭

我则认为，这些证据应取其表面意义，即小群的猎人和采集者为满足当下需要，对大型猎物实施寻常的、偶尔的、有限的猎捕。在超级疾病假说的条件下，不必假设无组织的小群狩猎–采集者能够以某种方式，在地质意义上的一瞬间消灭美洲大陆上几百万只动物。马克斯和我主张，物种损失的原因不是“闪电战”，而是致命的新发疾病。

在现代，不乏疾病导致大范围种群崩溃的案例，而对这些案例的详细调查提升了超级疾病假说的可信度。例如，19 世纪 90 年代东非暴发牛瘟，大多数本土偶蹄目动物被感染，死亡率触目惊心。有些物种遭遇了灭顶之灾，比如 20 世纪初消失的一个狷羚亚种或许与那次牛瘟暴发有关。还有一例发生在最近几年。在 2015 年和 2016 年，中亚 80% 的野生高鼻羚羊（见图 H.7）死于出血性败血症，也就是由细菌感染引起的血液中毒。在极短的时间里，野生动物成批死亡，令人难以置信。类似的案例数不胜数，并且都凸显了一个事实——自然界没有任何东西能像新发传染病一样，迅速降低一个物种的现存数量。[7]

超级疾病假说还可以解释一些巨型动物看似随机幸存的现象，这是该假说的另一大优势。超级疾病假说假设多个物种的多个个体被疾病感染，但并非全军覆没。一个受损严重的物种，如果幸存的个体足够多，那么这些已从前辈种群获得群体免疫的幸存个体便有可能使物种恢复种群数量。这与此处讨论的问题高度相关，因为超级疾病假说有助于解释“闪电战”假说的一个明显异常——在近时期发生物种大灭绝的所有大陆地区，在首次生物接触的影响减弱并消失后，哺乳动物的物种级灭绝急剧减少。例如，在北美洲和南美洲，从全新世早期到 500 年前（即现代的起点），陆栖哺乳动物——不论体型大小——几乎没有发生物种级灭绝，虽然偶有种群消失，比如一些野牛亚种，但不是整个物种完全死绝。一直以来，澳大利亚物种灭绝的时间线特别难以确定，但重要的是，自晚更新世的物种损失之后，澳大利亚并无异常，直到进入现代，物种灭绝率才再次飙升。显然，在全新世的大部分时间里，必定发生了什么事，大大降低了大陆物种彻底灭绝的可能性。是人类改变行为了吗？还是造成物种损失的根本驱动因素减少或者消失了呢？

超级疾病假说的主要缺陷在于一种或几种疾病能否同时感染多个物种。有些传染病的寄主范围十分广泛，比如流感、肺结核、麻风病、瘟热和多种出血性发热，但认为其中任何一种能同时感染几十个物种的大量个体，这种观点即便是免疫学的门外汉也会觉得难以接受。此外，我们没有找到威力如此巨大的史前疾病暴发过的证据。[8]

印度洋有座不大的孤岛，名为圣诞岛（Christmas Island，见图 11.2），那里的两种本土鼠就是死于岛外输入的疾病。这种疾病的病原体是一种锥虫，可能在 19 世纪 90 年代末由亚欧大陆的黑鼠带到岛上。两种本土鼠对锥虫病显然没有免疫力，十多年后就死绝了。[9]

图11.2 夺命病原体：圣诞岛原本无人居住，自从岛上的磷矿开挖后，两种本土鼠——麦氏鼠（见本图）和牛犬鼠消失了。当时一位卫生官员注意到本土鼠似乎在迅速减少，便怀疑是鼠锥虫病作祟，而这种病可能是由黑鼠带到岛上的。这个猜测很有见地。2008年，科学家用古生物DNA研究技术在圣诞岛几个特有鼠种的博物馆标本中探测到病原体。在病原体被引入之前，岛上的物种显然从未感染过锥虫病，所以也没有遗传免疫。这导致个体死亡数量上升到物种难以为继的水平，最终不可避免地走向灭绝。

其他科学家正在使用更先进的技术来寻找古人类携带病原体的基因组证据，我期待有朝一日这些技术也能应用于史前动物种群的研究。截至目前，我们只能说，超级疾病可能构成近时期某些物种灭绝的主因或辅因，但不大可能成为一个普适的解释。

火流星撞击说

2005 年前后，核科学家理查德·费尔斯通（Richard Firestone）和他的同事提出了一个观点，直截了当地推翻了关于近时期大灭绝的所有解释。他们认为，在约1.29万年前，一颗10千米大的火流星（或称彗星撞击物）穿过地球大气层，随后在北美洲上空解体，发出热脉冲和冲击波，引起大范围火灾并造成其他环境影响，进而导致巨型动物灭绝，克洛维斯文化覆灭，地球自此进入新仙女木期（见图11.3）。[10]

图11.3　火流星撞地球

到目前为止，我们尚未发现撞击坑，而有关天外来客撞击地球并引发灾难的推测均源自各种各样的替代性证据，比如独特的微珠（微型球粒）、玻璃熔化物、纳米钻石、铂族金属含量升高（异于地球上的情况）、来源不详但常与克洛维斯环境联系在一起的奇特有机“黑垫”[①]等等。

这个酷似灾难片的想法非常疯狂。火流星撞击派在后来的几篇论

① 黑垫（black mat），指北美洲中西部晚更新世和全新世早期地层层序的沉积物和土壤，形成于湿润环境，富含有机物。

文中放弃了早先的一些主张，但也补充了新证据。他们认为，这些新证据巩固了他们的观点——曾有一个地外天体撞击地球。毋庸置疑，认为一颗火流星造成了更新世末期物种大灭绝，这种观点在大多数第四纪古生物学家和考古学家中没有市场，因为这些人无一例外偏爱更接“地”气的解释。

对火流星撞击派的一些观点，我始终抱着不可知论的态度，但我尊重他们对火流星造访地球的间接证据的评估。我认为，他们用完善的证据充分证明了火流星的存在，但火流星进入地球大气层后发生的事情仍是不可知的。在最近的论文中，火流星撞击说的支持者詹姆斯·肯尼特（James Kennett）和他的合著者收集了 23 个遗址的地质学和年代学证据。这些遗址广泛分布于世界各地，相互隔绝，且在年代上都定年在新仙女木期的初始期。他们认为，各遗址间的相似性足以证明火流星撞击导致了新仙女木期的到来。[11] 假设新仙女木期的到来与美洲大陆巨型动物的灭绝相关，那么火流星撞击说确实可以算作一个颇有分量的替代假说。或者算不上？

第一，我们必须注意，火流星撞击说最有力的证据（比如微珠和其他微小的太空碎片）几乎全部来自北美洲和亚欧大陆西部。除此以外，我们仅在南美洲委内瑞拉西北的穆昆努克（Mucuñuque）遗址找到了此类证据。[12] 既有记录里没有来自非洲和澳大利亚的证据，这大概是因为即便有任何证据，其痕迹也已衰减到无法检测的水平（但并没有人明确这样主张），但这使得火流星标志物的地理分布变得更加重要。穆昆努克遗址位于安第斯山脉，被归为“低质量”遗址，因为在疑似新仙女木期界线层中没有发现任何可供测年的有机物（尽管略早年代的沉积物中是有的）。南美洲南部有许多得到良好描述的更新世末期古生物学和考古学遗址，但无一在肯尼特等人的勘查范围内，这不免令人感到意外。因此，差不多在同一时期损失了多个物种的南美洲是否也受到了所谓的火流星撞击的影响，我们很难评估。

在非洲的南部和东部，年代适合的古生物学遗址可以说不计其数，但相关数据同样没有被纳入。相比之下，澳大利亚没有被列入讨论范围则更容易理解，因为晚更新世澳大利亚遗址没有多少可靠的测年结果。但无论如何，要使火流星撞击说具有可信度，这些地区同样需要深入的调查。如果撞击事件的影响波及全球，那么暂且不论它有没有导致物种灭绝，我们在世界各地都该找得到撞击发生的证据才对。

第二，最早阐述火流星撞击说的论文认为，火流星在进入大气层时分解成无数条

“炸弹束”，直接把巨型动物（或许还有克洛维斯人）炸死了。但支持者很快放弃了这种特殊的杀戮机制，并提出物种灭绝是火流星产生的热效应所致。[13] 在他们看来，这种热效应必定触发了更新世最大规模的海因里希事件，造成冰盖融化，气温骤降，生物灭绝。这种更为间接的物种损失原因乍一看是可信的，但已知的损失模式与假定的撞击物冲击效应并没有多少相关性。相关性最强的标志物——许多物种突然之间同时灭绝的现象——大多出现在北美洲和亚欧大陆北部。对于更新世末期的南半球，绝大部分地区风平浪静，非洲南部、马达加斯加、澳大利亚和许多太平洋岛屿的动物们都安然无恙，只有南美洲受到了重创。这是为什么呢？（最近的调查确实支持这样一个观点：1.29 万年前，大量冰川融水猛然流入大西洋和北冰洋，造成深水循环暂停，但这并不是因为一颗火流星把北美冰盖的一部分气化了。[14]）

第三，受影响的对象有哪些？影响是怎样发生的？新仙女木期伊始的这场骤寒显然程度极深，地球在此期间再度经历了末次冰盛期那样的极寒气候。花粉证据表明，这场“顶级寒潮”（Mother of All Chills）迅速破坏了高纬度地区的植被，致使正处于恢复期的地理景观再次退化成荒凉的冻原。在这种情况下，食物网崩溃，食草动物和食肉动物面临巨大的生存压力。因此，考虑到此种程度的环境变化，我们很难不去怀疑，新仙女木期的到来至少造成了一部分巨型动物灭绝。

是的，新仙女木期确实看似一场足以导致严重物种损失的重度环境灾难。正因如此，气候变化派长久以来将新仙女木期的到来视作物种灭绝的原因之一。然而，古生物 DNA 专家艾伦·库珀（Alan Cooper）、杰西卡·梅特卡夫（Jessica Metcalf）和他们的合作者最近指出，新世界大陆部分的灭绝与温暖期的开始具有更高的相关性。一些巨型动物物种的基因组数据表明，种群规模在进入温暖期后缩减，到寒冷期再恢复过来。就算人类的影响在同期显现（这正是他们的看法），这种明显有悖于直觉的事情也不该发生。原因尚不清楚，“没有证据显示，在间冰段事件常有、现代人稀少的较早时期（早于放射性碳测年法的有效范围①）发生过更大规模的生态机制转变。这种情况可以证明人类在更新世末期大灭绝中起到了加剧气候变化影响、加速物种灭绝的协同作用。”[15] 非洲虽然总是“置身事外”，但我们在归纳时不应忽略非洲。现代人很早就存在于非洲

① 也就是距今 5 万年。

大陆，但无论气候如何变化，他们似乎从未在物种灭绝上扮演过任何“协同”的角色。

本章选取了有关近时期大灭绝的几种替代解释，每种解释都有传统观点不具备的独到之处，并且提出了两大经典派别没有注意到或者无法吸纳的另类观点。更有趣的是，这几种解释将两派各自掌握的事实组合起来，营造了全新的解释背景并要求我们在新的背景下重新思考。截至目前，没有哪种解释经得起所有反驳，这说明我们对近时期大灭绝的现有理解仍然极其有限，还有许多东西有待发现、检验和整合。

写到此处，但愿我已经说清楚一点——近时期大灭绝争论的主要目的或唯一目的并不是查明史前大型动物身上发生过什么或者没发生过什么。比起探究真相本身，我们更应当在辩论的过程中用心领会：寥寥无几的线索和证据能够揭示哪些事实，相关数据该如何收集和评估，假设与偏见如何影响观点的形成与验证，没有现代参照物的远古因素及其影响该如何想象，以及洞察对科学是何等重要。正因如此，无论我们能否很快解开谜团，这次知识探索之旅都值得我们勇往直前。

第12章

物种灭绝事关重大

图L.1 哈氏鹰的反击：哈氏鹰可能是从古至今世界上最大的猛禽，翼展可达2.3米，体重10～15千克。（现生最大猛禽的体重只有其三分之二。）这种鸟曾经生活在新西兰南岛上，消失于公元1400年前后，似乎是活跃的捕食者，以恐鸟和其他鸟类为食，没有食肉哺乳动物与它们竞争。不同于很多生活在岛屿上的鸟类，哈氏鹰没有经历翅膀缩小的过程。有人认为，这是因为它需要凭借高大的体型如俯冲轰炸机般把猎物击昏。没有直接证据表明哈氏鹰袭击人类，但在毛利人的传说中，有一种被称作“普凯鸟”（pouakai）的巨鸟常常袭击人类。

孰是孰非？

关于近时期大灭绝的各种解释到底哪种更合理，科学家们的看法并不一致，这或许不足为奇。我组织过一次非正式的民意调查，对象是愿意表达观点的同事。结果显示，许多生态学家和大多数保护生物学家都对保罗·马丁的一个观点不持任何异议——他们也认为人类在史前灭绝记录上的恶行罄竹难书，但这并不意味着他们赞同过度狩猎是唯一的杀戮机制。事实上，由于缺乏令人信服的证据，他们几乎没人支持这个杀戮机制。他们更倾向于将物种灭绝归咎于过度开发、环境破坏以及引入外来物种等对物种灭绝起辅助作用的行为。简单地说，他们的原则是所见即所知。倘若我们现在是地球生命的头号威胁，那过去5万年也不该有什么不同。

我发现，比起生态学家和大多数保护生物学家，大多数古生物学家和考古学家更不愿意把人类实践扯进来。这些古生物学家和考古学家认为，过度狩猎之外的其他因素必定在近时期起了作用，而且事实上，这些因素很可能是公元1500年之前许多乃至大部分物种灭绝的主因。[1]对此，专门研究新世界史前历史的考古学家观点并不统一，但很多人都强烈反对“远古猎人过度狩猎的规模足以造成或引发几十种巨型动物灭绝”这一观点。人类的过度狩猎或许起到了辅助作用，但仅是过度狩猎就够了吗？不够。再有，论及澳大利亚的物种灭绝，最近的文献显示，大多数研究人员都不支持过度猎杀假说，他们更倾向于将气候和生态变化视为4万年前澳大利亚物种灭绝的罪魁祸首。当然，我们总是可以把人类影响视为压垮物种的最后一根稻草，但在没有任何相关事实支持的情况下，这种说法久而久之自然会沦为老生常谈。

尽管科学界莫衷一是，但我们不应该忽视一点——怎样理解近时期大灭绝十分重要，因为关于灭绝原因的争论会实实在在地影响我们如何看待当前的物种灭绝（见下页方框内文字）。若我们把近时期的物种损失看作当今生态伦理大戏的开场白，讲述的是人类在史前时期对大自然犯下的滔天罪行，那么接下来就应当上演人类赎罪篇，即人类如何阻止第六次大灭绝（Sixth Mass Extinction）。尽管过度猎杀假说存在局限性，但把人类看作近时期大多数物种损失的唯一罪人，这已经成为当今时代精神的一部分。这不难理解，因为不断有物种灭绝，并且人为因素的证据越来越多。警钟已然响起，提醒我们在不久的将来，会有更多物种离开我们，难怪大众出版物和媒体动辄把人类

近时期大灭绝与第六次大灭绝

“第六次大灭绝”是指地球目前正在经历的一波物种濒危和损失，出现原因是气候变化和其他人类主导的有害变化。一些评论家认为，如果追根溯源，第六次大灭绝的历史远不止几个世纪。我们甚至可以把近时期大灭绝视为今时今日物种大灾难的导火索（或者说是“热身活动”），或者换个角度说，近时期大灭绝根本没有结束。如果第六次大灭绝以目前预测的水平发生，我们将看到近时期大灭绝的惨剧以更高的数量级重演。不仅如此，第六次大灭绝也会与前五次大灭绝一样，有自己的特点。本书所定义的人类过度狩猎不会成为第六次大灭绝的主因，但有些野生动物物种肯定会因偷猎和贩卖而受损。“人类影响”这一说法暗含着多种间接但具有强大破坏力的威胁，比如过度开发、栖息地消失、污染和人为导致的气候变化。对于灭绝物种，我们无力回天，但我们应当全力探究它们的灭绝原因，并以此为依据决定未来的行动，这是我们的唯一选择。[2]

新西兰的鸮鹦鹉是世界上最大、最重的鹦鹉，基本没有飞行能力。这是一个极危物种，现存150只左右，以多种植物为食，所以曾经享有一个安全稳定的生态位——直到毛利人和后来的欧洲人引入了竞争者和捕食者。鸮鹦鹉会是第六次大灭绝的悲剧物种吗？人类的干预能成功吗？只有时间能给我们答案。

列为史前物种损失的共犯。这种看法无论对错，在当前都必须接受质疑和挑战，而这正是我写作本书的目的。

没有普适的原因

在序言中，我承诺会在本书结尾对近时期大灭绝的原因之争做出裁定。当然，我的裁定仅是一家之言。这里，我想对本书讨论过的几个主要理论做出评判，并为未来反思和研究的方向提一些建议。

近时期大灭绝是一个大谜团。为什么某些特定环境中的巨型哺乳动物特别倒霉呢？这或许是这个谜团最容易解答的部分。如我们所知，大体型意味着整体繁殖率较低，即每只处于性成熟期的雌性生育的后代数量相对较少（见第 168 页方框内文字）。相比之下，小型物种在每个生育周期生产更多的后代。因此，种群结构的任何重大破坏（比如幼崽和未成年个体的死亡率飙升）对大型物种的影响会比小型物种更严重。这是大体型带来的必然结果，但并没有对物种损失的根本原因做出解释，也没有告诉我们生活在近时期的巨型动物们生不逢时的缘由。

在近时期大灭绝问题上，马丁最重要的见解是动物群的集中消失发生在人类首次到达之后。对此，我们在很多已经研究过的地方（少数几个岛屿环境除外，见图 L.2）既没有发现确凿的反面证据，也没有发现压倒性的支持证据。对于北美洲和南美洲的灭绝事件，随着人类的首次到达时间变得越来越早，马丁的过度猎杀假说越发站不住脚。首次到达时间越早，人类与猎物共存的时间便越长，而按照“闪电战”的逻辑，这会降低而不是增加灭绝发生的可能性。

认为美洲原住民的祖先在末次冰盛期之前进入西半球的考古学家并不多。如果在距今 2.75 万年以前美洲就有人类存在，那么人类活动并没有引起规模可观的物种灭绝。因此，如果能证明人类早在 13 万年前的末次间冰期就生活在北美洲，那结论将会是革命性的——我们不仅要重新思考人类在新世界的开拓活动，更要重新审视人类在物种灭绝中的作用。迄今为止，唯一的文化证据来自加利福尼亚南部的切鲁蒂乳齿象遗址，但证据十分单薄，只有一些断裂的骨头和被简单加工过的石头，而后者可能是人类（？）从其他地方带过来的。让我们快进 12 万年来到更新世末期，美洲乳齿象仍在，但已时日无多。人类与猎物之间如此漫长的互动意味着马丁所谓的“闪电战”是不成立的；倘若非要给这种互动模式起个名字，那只能是“无战”（nichtskrieg）——在整个人类历史上，猎人和采集者的狩猎活动从来没有超过正常水平，不可能导致猎物物种灭绝。

截至目前，我们仅提出过一个由人类直接实施迫害的杀戮机制——“闪电战”。如果未来有更多确凿的实证证明人类早就存在，那么“闪电战”将被彻底证伪，不再构成新世界物种大灭绝的候选原因。

有没有共同原因?

共同原因的解释往往很有吸引力，因为此类解释既能还原过去，又能预测未来。也就是说，给定一组事实，我们就能预知结果。虽然事实承载的信息可能是五花八门甚至相互矛盾的，但是如果共同原因的解释能把最基本的事实厘清，那么就能站住脚，或者说在给事实赋予意义方面优于其他解释。但即便如此，我们仍要保持警惕。马丁极力主张过度猎杀是近时期大灭绝的共同原因，可是越来越多的证据表明，并非所有物种损失都遵循相同的剧本。马丁认为，更新世末期的新世界大陆部分可被视作一个模板，史前人类首次到达给新世界带来的影响重复出现在世界的其他地方。这说得通吗？这种或那种古人类在亚欧大陆存在了几十万年，但并没有造成大规模的物种损失。此外，对于已确定的物种损失，损失速度未必很快。在长毛象和爱尔兰巨鹿（见图 B.3）彻底灭绝前，有些孤立种群成功活到了全新世中期，尽管它们的栖息范围和种群规模已经大大缩小。还有一些巨型动物，包括现存的麝牛，也设法在西伯利亚北部等地坚持到全新世最末期才最终灭绝。[3] 非洲没有发生所谓的“闪电战”，物种灭绝在地域上是分散的，在时间跨度上是漫长持久的。亚欧大陆北部和南部与非洲的情形有些类似。

澳大利亚的剧情发展也脱离了既定的剧本。现在看来，如果人类是灭绝主因的话，那么人类很有可能在到达萨胡尔古陆之后，老老实实等了 2 万年甚至更久才开始上演消灭物种的大戏。但澳大利亚新英格兰大学的史蒂夫 · 弗罗（Steve Wroe）和他的同事们认为，在这 2 万年里，不断加剧的干旱至少引发了 60 例物种级损失。如果这是事实，那我们只能说，这是特例，不能拿来进行更广泛的比较。

近时期灭绝的爬行动物

近时期大灭绝研究主要聚焦于鸟类和哺乳动物，对爬行动物和两栖动物的关注较少。两栖动物的史前损失规模仍然很不确定，而在过去几年，有关爬行动物的记录得到了明显改善，这要归功于研究人员齐心协力确定了爬行动物“走霉运”的时间、地点和方式。特拉维夫大学的动物学家亚力克斯·斯拉文科（Alex Slavenko）和他的同事们指出，近时期爬行动物受到的影响与鸟类和哺乳动物大致相同：（1）岛屿物种损失占主导地位；（2）体型很关键，但并不适用于所有爬行动物物种；（3）对于晚近发生的爬行动物物种损失，人为的环境扰动是一个压倒性因素。体型巨大的蜥蜴、乌龟和鳄鱼都灭绝了，巨蛇的情况没那么糟糕。缓慢的生命周期削弱了大型爬行动物在遭到人类猎杀之后恢复的能力，令它们更易于灭绝。然而，体型不能决定一切，比如大型蜥蜴通常产卵更多，而不是更少，所以可能导致哺乳动物灭绝的低生育力无法解释爬行动物的灭绝。本书描述了几种已灭绝的巨型爬行动物，比如古巨蜥（见图 B.2）、纳拉库特巨蛇（见图 D.4）和欧文氏忍者龟（见图 G.3 和图 H.9），它们都曾经生活在萨胡尔古陆。[4]

孤独乔治（Lonesome George，1910？—2012.6.24）是世界上最后一只平塔岛龟，现陈列在加拉帕戈斯群岛圣克鲁斯岛（Santa Cruz Island）的查尔斯·达尔文研究站（Charles Darwin Research Station）。据称，加拉帕戈斯群岛其他龟种的体重达 400 千克，龟壳长 135 厘米。图中的巨龟背上驮着一只搭便车的东部箱龟（现存），后者的龟壳只有 13 厘米长。

事实上，过度猎杀假说和气候变化假说都面临同样的问题：作为唯一的灭绝因素，过度猎杀或者气候变化有那么大的威力吗？近时期物种损失的严重程度使我们无法草率地归因于两者中的任何一个。我们不难想象小群猎人怎样迅速对一个或几个物种施加有害影响，致使猎物种群数量锐减。同样，如果一个物种的食物在气候剧变期减少，从而使年龄最小和最大的个体受到特别严重的打击，那么该物种的种群数量也会大幅减少。[5] 随着物种变少、变聪明，或者随着自然选择越发青睐幸存物种体内的优势基因，这两个灭绝因素的效力都应当逐渐减弱。然而，这些巨型动物，或者至少是其中的大多数都灭绝了。问题依然没有解决。

路在何方?

若要增进对近时期大灭绝的理解，我们需要收集和处理大量数据，而数据的来源远远超出考古学家和古生物学家通常考量的范围。尽管从大数据中寻找因果关系是一个很有希望的研究方向，但我想强调，好的想法并不仅仅来自分析图表和对远古事件的模型研究。科学的首要目标永远是提出思想并加以检验，直到有一天某个深藏在背后的思想发展成为一个有确凿证据支持的解释。然而现在，我们只能满足于对自以为已知和未知（但渴望了解）的东西做一个总结：

（1）想要了解大陆灭绝和岛屿灭绝的相似点和不同点，我们需要更好地处理现代人在两种地理环境中的扩散问题（如图 L.2）。对于现代人已经踏足的许多地方，尚不十分清楚最初到达时间，或者说只是最保守的估计。尽管模型表明，一些史前物种的灭绝可能是小群人类迅速移动的结果，但这显然没有形成规律。[6] 随着新证据的出现和证据质量的提升，情况确实发生了变化。在马丁 20 世纪 60 年代著书立说的时候，马达加斯加的种种无疑被看作极速过度猎杀的一则实例。然而，新的首次到达时间使人类在岛上的存在时间比原来长一倍，这令我们再也无法如此笃定。

（2）对于近时期灭绝的绝大多数物种，种群动态尚不清楚。例如，它们是如何应对发生在较早时期、可能引发灭绝的气候或环境变化的？对此我们

图L.2 一只安氏鳄攻击一只冢雉：食肉哺乳动物鲜有在岛屿环境自然立足的成功案例，这便给岛上的非哺乳动物，尤其是鳄鱼和猛禽让出了生态位。已灭绝的马氏鳄（亚科名）曾作为顶级捕食者生活在澳大利亚的陆地部分（见图H.8），以及斐济、瓦努阿图、新喀里多尼亚等南太平洋岛屿上。尽管缺乏相关的考古学信息，但我们知道，人类在三四千年前登陆时，斐济岛上还有一些本土鳄鱼，但很快都灭绝了。图中的鳄鱼是安氏鳄，它所处的动物群还包括一只巨蛙、一只乌龟、一只鬣蜥和几种本土鸟类，其中包括本图中的高喙冢雉。人类到达后，这些动物全都灭绝了，但灭绝速度不明。[7]

知之甚少，甚至一无所知。仅有少数几个物种，我们目前掌握的信息达到了基因组水平，但这些信息传递的信号是复杂不清的，我们无法断定在人类到达之前它们的种群数量是稳定的、增加的还是减少的。如果没有可靠的生命统计数据，任何关于物种易受人类或气候影响的假设都只是猜测而已。古生物基因组学虽有其局限性，但还是有可能提供此类证据，从而将猜测转化为可检验的假设。

（3）基于“缺乏证据=证据不存在”的各种观点看似一锤定音，但没什么实际意义。事实上，若能在遗址中发现大批年代为1.2万~1.3万年前的美洲巨型动物遗骸，保罗·马丁必定会欣喜若狂。猎杀场极度罕见原本是过度猎杀假说的一大缺陷，但马丁断言，“几乎缺乏证据”说明灭绝的速度极为惊人，于是所谓的缺陷摇身一变，成了马丁假说的一大优势。我支持马丁的结论，但不赞同他的前提。猎杀场的缺失仅是问题的冰山一角。没有任何迹象表明，人类与大部分消失物种之间存在互动，这才是最需要解释的问题。我们在北美洲发现了几个遗址，那里的人类确实在更新世末期猎捕已灭绝的动物，但这并不能改变我们面临的压倒性现实。缺乏证据就是缺乏证据，不必引申。

（4）气候变化本身作为灭绝候选原因也存在一些问题。在过去5万年里，能够与真正严重、快速的气候变化严格匹配的重大物种损失只有两至三次，而即便是这两三次大灭绝的杀戮机制仍然不是很清楚。令人震惊的是，作为晚更新世最大的气候事件，末次冰盛期在北半球造成的物种损失似乎可以忽略不计，而按理说，气候变化对北半球的整体影响本该最剧烈，造成的破坏本该更大。在更新世末期，气候波动犹如过山车般起起落落。在不到2 000年的时间里（从阿勒罗德间冰段到新仙女木期再到全新世），气候从逐渐变暖过渡到极寒期，然后又回到温暖期。这些变化的影响无疑是剧烈的，但在西半球和亚欧大陆北部以外的其他地区，没有造成什么紧要的影响，至少从物种灭绝的规模来看影响不大。我认为，这凸显了所有气候变化解释的一个普遍症结：要成为某个广大地理环境中物种灭绝的原因，这种变化必须达到很深的程度。换句话说，这种变化必须足以触发连锁反应，在相隔遥远的许多地方引发物种崩溃。在上面提到的气候变化期，没有发生过大规模的连锁反应。然而要注意的是，传统的古生物学研究方法在这方面的功用非常有限。灭绝若是彻底的，我们可以用这些方法探知物种灭绝，但如果物种先是接近崩溃，然后短暂恢复，最后彻底崩溃，那我们便无从知晓。或许有一天，古生物基因组学能告诉我们，1.2 万～1.3 万年前的非洲和南亚等地是否发生过险些演变成彻底灭绝的种群大缩减。若有，那将带来翻天覆地的变化，同时也意味着我们必须重新评估近时期物种损失的原因和物种的恢复能力。

这就是我们手中所有的牌以及用这些牌能凑成的所有组合，而到目前为止，没有任何一个组合有更大的赢面。因此，如果晚更新世大灭绝的两派经典解释都做不到普适（我在本书中反复强调这一点），那我们可不可以把这两种解释结合起来呢？我们完全可以假设，与现代物种损失一样，近时期大多数物种的灭绝也是多种因素共同作用的结果（见图 12.1）。但是，如果我们无法区分和评估单个因素，那这种假设对解答问题并无助益。在一些我们认为人类捕食巨型动物的环境里，将环境变化看作辅助因素是合理的，但必须是跨度为几年或几十年的灾难性剧变，而不是延续数百年乃至数千年的缓慢变化。在某些情况下，人类在迁移时无意中引入的传染病可能给许多物种造成打击，但我们尚未确定是哪些传染病。在某些环境中，尤其是岛屿环境，“温顺”成了物种的一纸死刑判决书。这些物种为岛屿生活发展出的适应反而使它们易于灭绝。毫无疑问，还有其他的可能性有待揭示，这就是为什么近时期大灭绝研究仍是一个思想沸腾的领域。

图12.1 鸟类的末日：在过去800年里，太平洋地区可能损失了多达2 000种鸟类和独立种群，许多一息尚存的鸟类高度濒危，包括图中原产于考艾岛（Kauai）的三种鸟[自上而下依次为旋蜜雀（ou）、长嘴导颚雀（akialoa）和欧鸥鸟（o'o）]。它们是夏威夷独有的类群，几个世纪以来，因人类迫害、环境变化、外来物种和新发疾病而遭受重创。近时期对世界各地的动物群来说都是一个厄运期，对岛屿物种来说更是如此。说到底，地球也是一座岛屿，在思考残存物种的未来以及如何保护它们的时候，我们应当将这一点牢记于心。

后　记

这些巨型动物能复活吗?

各位读者想必还记得世纪之交的那波“克隆猛犸象”热潮吧。在《探索》频道系列特别节目的渲染下，人们一度以为克隆猛犸象不过是小菜一碟——到西伯利亚永久冻土带找一副齐整的猛犸象尸骨，采好样本拿到基因实验室里克隆，这有什么难的呢？[1]可叹的是，人类好不容易才弄明白，原来克隆必须使用未受损的DNA，而这份原材料只有活细胞里才有。死细胞保存得再完好，也只有基因组物质受损降解后的残留物，不能用于克隆。退一步讲，就算我们能获得新鲜完好的基因组物质，克隆也没那么容易。苏格兰罗斯林研究所（Roslyn Institute）的繁殖生物学家伊恩·威尔莫特（Ian Wilmot）和他的研究团队，用被植入成熟细胞核的去核卵细胞做了400多次实验，才在1996年首次成功克隆出多莉羊。诚然，克隆产业在过去的20年里飞速发展，让我们可以轻松地把自家宠物狗和高产奶牛的基因保存下来，但克隆仍然只能用活体组织。心有不甘的人仍执意在西伯利亚寻找完美无瑕的猛犸象干尸和莫名蛰伏了上万年的活细胞，但这种堂吉诃德式的努力至今一无所获。

让我们再来看看合成生物学和基因工程的最新技术，这些技术有望令巨型动物起死回生。[2]假设你有两个物种：一个是现存物种，你可以轻易获取它的全部遗传密码，另一个是前者的近亲物种，现已灭绝。尽管后者的DNA已经降解，但通过大量工作，我们现在有可能利用古生物DNA技术获得其基因组的大部分信息。两个物种的近亲关系是进行下一步的前提。它们的基因高度相似，这意味着我们可以比较它们的基因组，也就是逐个比对所有基因，从而确定极少数差异所在的具体位置。比对过程未必完美无缺，因为灭绝物种的DNA在降解后会丢失一些遗传信息，但以现存物种的完整基因组作为基础架构，我们就可以进行第三步，即替换现存物种遗传物质中的单个基因，使其与灭绝物种的遗传物质相匹配。为此，科学家使用基因编辑工具（比如当前使用的CRISPR/Cas9）将现存物种DNA中的某些特定基因序列去掉，再用其他工具把从灭绝物种中提取的序列填补进去。如果能把重组后的基因组引入配子（精子或卵子），那么我们就有可能得到具有活性的杂交胚胎。如果一切顺利，胚胎会发育成一个功能齐全的生物。最后的杂交种将表现出亲本特征，然后经过几代的精心选择，我们有可能在一个纯种繁育系中获得理想的特征组合。理论上，我们可以做到。

以复活猛犸象为目标的基因工程项目正在进行中，成功的机会比人们想象的要大。首先，古生物DNA专家多年的工作为我们贡献了优质的猛犸象基因组信息。其次，猛犸象有一个现存的近亲，那就是亚洲象。猛犸象与亚洲象在基因层面上的差异只有区区几个百分点，亲缘关系堪比黑猩猩与人类的关系。不过，这些差异十分关键，发现并妥善处理这些差异事关项目的成败。

项目的支持者希望最终得到纯种的……叫什么好呢？“猛象”？“象犸”？可想而知，这只转基因动物在外形上必定酷似已灭绝的猛犸象，具有猛犸象化石揭示的各种特征，比如巨大的头部、弯曲的象牙和一身长毛，但猛犸象的生理过程以及无法在化石形成过程中保留下来的特征或许无法完全复制。不过这无伤大雅，至少对那些渴望看到猛犸象复活的人来说更加无所谓。一头具有譬如说80%猛犸象基因组的“猛象”可能在表型上足够接近我们心目中的猛犸象，只有吹毛求疵的人才会坚持认为它不是一头真正的活猛犸象。

但是，撇开这些奇思妙想不谈，在可预见的未来，基因工程的能力很可能会受到一些限制。出于诸多原因，我们必须考虑用近亲物种作为代孕母体来生育杂交种，其中一个很重要的原因是哺乳动物新生儿的免疫系统尚未成熟，需要从母乳中获得抗体。这些抗体通过肠上皮细胞进入新生儿的循环系统，不仅能保护新生儿，还会刺激新生儿的免疫系统发育。如果没有这份保护，新生儿可能会感染传染病。把稀有物种的克隆体或杂交种放入常见种的代孕母体里，这样做可以确保新生儿获得这份来自代孕母体的保护。

如果使用代孕母体，而不是配有合成胎盘的代孕机器，那我们就必须寻找匹配的代孕物种。用亚洲象孕育猛犸象胎儿是合理的，因为猛犸象新生儿的体型可能与正常的亚洲象新生儿相似。我们不清楚猛犸象与现存亚洲象在自然行为上的相近程度，但它们的杂交种必然会跟亚洲象一样社会化。

然而，要复活已灭绝的懒兽，代孕是行不通的。我是复活项目小组的成员，巴不得看到美洲大地懒（见图 K.3）重生。成年的美洲大地懒重达 1 吨乃至数吨，而现生最大的树懒体重还不到 5 千克。一只足月的美洲大地懒胎儿都比树懒重好多倍，所以代孕绝无可能。

尽管目前还没有“猛象”新生儿供我们宠爱（若有则必然成为顶配的设计师款宠物宝宝），但哈佛大学的遗传学家乔治 · 丘奇（George Church）和他的同事们竭尽全力，希望在不久的将来让我们梦想成真。[3] 除此之外，一些科学家的目标是采集博物馆里旅鸽标本的基因序列，然后植入旅鸽的近亲物种——岩鸽的生殖系统，从而创造一个类似旅鸽的物种。[4] 还有一些科学家正在尝试通过基因工程复活美洲栗。20 世纪的一场真菌枯萎病大灾害杀死了全美几十亿株成年美洲栗，而转基因美洲栗将能够抵抗真菌枯萎病。[5] 这种“辅助适应”，或者说通过将新的遗传物质引入某一物种来增加该物种的遗传变异，从而增强其应对环境挑战的能力，可能有助于挽救濒危物种。[6] 这方面的成果和技术有助于我们大量进行此类干预。

另一条复活路线算是一种“再野生化”，这是保罗 · 马丁最喜欢的方法之一。[7] 尽管更新世北美洲巨型动物群已不复存在，但我们难道不能引入它们的近亲或者生态意义上的半等同物作为替身吗？比方说，狮子和猎豹可以填补刃齿虎和北美猎豹的空缺，亚洲象和非洲象可以成为猛犸象的替代物种。这样，我们就有可能恢复因巨型动物灭绝而被毁坏的生态功能和关系，还能获得其他好处。蒂姆 · 弗兰纳里主张把犀牛引入澳大利亚，填补已灭绝大型食草动物留下的空白。在欧洲历史上，人类入侵曾导致狼和其他大型食肉动物失去了一半或者超过一半的领地，所以有人主张让这些动物回归欧洲，但也有一种较为温和的主张渐渐获得关注，即引入已在当地灭绝数百年的猞猁和河狸。

研究员谢尔盖 · 齐莫夫（Sergey Zimov）提议让野牛、马和其他大型食草动物在俄罗斯远东的科累马（Kolyma）盆地生息繁衍，从而重建猛犸象草原生态系统。他相信，假以时日，这些食草动物的活动可能会把泰加林改造成宜居的草原。[8] 或许，丘奇的杂交象体内携带足够的猛犸象适应性，耐得住远东的极寒天气，能在齐莫夫的更新世公园存活下来。再或许，这些食草动物会将西伯利亚北部的一些地区改造成水草丰美的草原。在某种程度上，我赞赏齐莫夫的良好意愿，但要引入多少这样的动物才能对植被产生哪怕一丁点儿的影响呢？而且从长远来看，谁来照看这些动物呢？它们是散养好还是圈养好呢？这是名副其实的再野生化吗？抑或只是给这个野生动物园换一批动物？与过度猎杀假说一样，这种想法在某个框架内有一定的合理性，而一旦超出这个框架，就变成了纯粹的异想天开。

复活灭绝物种是一份令人难以割舍的渴望，但在毫无保留地支持这种想法之前，我们还需要解决许多伦理问题。重生的物种想要存续，必须有足够的生存空间。为此，我们是不是也应当付出同等努力，让它们在重生之后不仅可以生活在西伯利亚的北极地区，也能在其他地方生息繁衍呢？如果让它们进入自然界，那么在竞争、疾病传播，或许还有更多方面，对原来生活在那里的物种又意味着什么呢？这些都是十分紧要的问题，但目前鲜有答案。无论如何，我们希望每个新创物种都能融入而不是破坏现有的生态系统。惭愧的是，其实我们自己都没能做到这一点，至少在过去 5 万年里没能做到。

附　录

对近时期年代的测定

放射性碳测年法和光释光测年法都是确定第四纪事物年龄的主要方法，但放射性碳测年法用得相对较多。除此之外，还有许多其他方法对我们解决某些具体的测年问题很有帮助，但由于这些方法在近时期大灭绝研究中的作用不那么重要，所以本书没有提及。

除非另有说明，本书给出的年代均为放射性碳测年结果，并与日历年进行了对比校正。为简单起见，大多数年代已四舍五入且不标注误差范围。例如，更新世-全新世过渡期北美洲损失的多个物种，可信的末次出现时间（灭绝时间）大多定年在距今 1.05 万 ~ 1.1 万碳年。我们使用一组特定的假设，将这个区间校正为距今 1.2 万 ~ 1.3 万日历年，跨度比碳年结果略宽一点。

放射性碳测年法

碳-14 是碳的放射性同位素，在一定范围内，可用于确定任何碳含量达到可测量水平的事物的大致年龄。可靠的校正方法形成于 20 世纪 80 年代和 90 年代。在此之前，人们普遍认为放射性碳年和日历年是一一对应的。这对全新世的大部分时间来说没有问题，但在晚更新世和更新世-全新世过渡期，出现了一些无法解释的异常现象，使情况变得复杂。这些现象可能与那段时期上层大气里碳-14 的形成量有关，也可能无关。出于这个原因，我倾向于援引基于放射性碳测年结果并比照日历年校正后的年代。这并没有彻底解决问题，但全文统一使用同一种纪年方法总是有助于减少混淆。

光释光测年法

光释光测年法可用来确定石英和长石的晶体上一次曝光的年代，即晶体上一次被埋藏于沉积物之前的时间。这种不依赖放射性同位素衰变的方法非常有用，可以对化石形成时所处的沉积层直接定年。（石英和长石是地球表面最丰富的两种矿物。）由于晶格俘获电子的速度是稳定的，所以如果知道晶体自上一次曝光以来俘获的电子数，便可确定年代，这是光释光测年法可以充当计时器的原因。所谓光释光，是指化石标本受热时会瞬间释放被俘获的电子，同时发出一道闪光。光释光测年结果为日历年，无须校正。如果物质保存得当，光释光测年法的有效范围约为 100 万年，比放射性碳测年法大两个数量级。这种方法刚刚开始对第四纪古生物学产生实质影响，今后一定会越来越重要。

术语参考释义

这里列出本书出现的一些术语和短语，供读者参考。释义里的黑体字代表其另有单独条目。[1]

白垩纪-古近纪界线　英文缩写为 K/Pg，旧称白垩纪-第三纪界线（英文缩写为 K/T），目前划在 6 602 万年前，常作为第五次大灭绝的参照点。

白令陆桥、白令吉亚　俄罗斯最东端的楚科奇半岛与阿拉斯加最西端的苏厄德半岛之间的白令海峡极浅，平均深度为 30 ~ 50 米。在海平面不断下降的时期（比如约 7.5 万年前至 2 万年前），白令海峡的海床可能大面积裸露在外，形成一道洲际陆桥。陆桥两端的内陆连同陆桥本身共同构成白令吉亚。按照惯例，白令吉亚的亚洲部分被称为“西白令吉亚”，北美洲部分被称为“东白令吉亚”。

冰期、间冰期、冰段、间冰段　按照惯例，跨度约 10 万年的寒冷期被称为冰期或冰川作用期，跨度约 1 000 年的寒冷期被称为冰段。超过 1 万年的温暖期被称为间冰期，更短暂的温暖期被称为间冰段。“温暖”和“寒冷”不是绝对的，只是比照之前的气候状况对一个时期平均气温的概括。与今天相比，晚更新世的大部分时间都是寒冷的，而且晚更新世期间“相对温暖”的间冰段不宜与今天的气候相提并论。

① 术语按照汉语拼音排序。

丹斯果-奥什格尔事件（D-O 事件）

格陵兰冰芯所记录的快速、短暂的气候事件。此类事件发生时，气候先是迅速变暖，然后缓慢变冷到事件发生前的气温范围，原因不明。

第四纪

正式的地质年代，指地球历史上最近的时期，即过去的260万年，下分更新世（260万年前至1.17万年前）和**全新世**（1.17万年前至今）。

第四纪冰期

我们在强调重大气候变化对第四纪的作用时使用这个术语，重点描述第四纪最显著的方面，即冰盖的形成、前进、后退和消失。其间包含多次冰盖前进期和后退期，其中有些被正式命名，其余仅反映在地质年代图表的不规则曲线上。

第四纪晚期

过去的约13万年，包括**晚更新世**和**全新世**，不是正式的地质年代。

动物群

同一时期生活在某个区域的动物物种的总和。

更新世-全新世过渡期

更新世-全新世过渡期比**更新世-全新世界线**的时间跨度大得多。本书中，该过渡期的年代为14.5万年前至9 000年前，其中包括几次与全球多个脊椎动物物种减少和消失相关的变暖或变冷事件。

更新世-全新世界线

更新世与全新世的界线过去被认定是一个具体的时间点，即1万年前（日历年），现在我们不再接受这种观点。根据新的定义，这个界线与北格陵兰冰芯项目（NGRIP，以格陵兰冰盖为研究对象）发现的一段主要气候变化重合。环形冰层在沉积时将大气和降水的化学物质和粒子（尘埃）圈闭起来，从而提供气候信息。在北格陵兰冰芯项目的冰芯里，我们在1.17万年这个位置检测到各种参数的突变（冰层计数的误差范围为 ±99 日历年）。我们结合上述两点确定了**新仙女木期**的结束时间，即**全新世**的开始时间。

古人类

人属下所有种归属的进化类群［确切地说是族（tribe）］以及本书未涉及的近亲物种［南方古猿（*Australopithecus*）］和与南方古猿有亲缘关系的分类单元的总称。

海平面

科学家使用特殊的地层学方法确定海平面的变化。在**第四纪晚期**，最高海平面出现在约 12 万年前，比现在的海平面高 6 ~ 9 米，最低海平面出现在末次冰盛期的后期（约 2.3 万 ~ 2.5 万年前），比现在的海平面低 135 米。

海因里希事件

更新世海洋沉积物所记录的短暂气候事件，通常短于 1 000 年。事件发生时，大量冰源融水从大陆冰盖流入北大西洋，导致气温骤降。原因尚不确定，但理论上，快速流入大西洋的大量淡水可能会扰乱海洋的**热盐环流**（thermohaline circulation），导致气温骤降并以各种方式影响世界各地的湿度（见 Leydet 等人，2018）。

基因组

一个有机体的全部遗传物质。对基因组的研究或分析被称为基因组学（genomics）。

近时期大灭绝

发生在 5 万年前与 500 年前之间的物种损失。过去 500 年的物种损失又被划为“现代大灭绝”。请注意“近时期”不是正式的地质年代。

距今（BP）

距离现在（before present），以日历年计，放射性碳测年法的原始结果以公元 1950 年为参照点。

克洛维斯文化

北美洲古代或古印第安考古文化。克洛维斯文化遗址广泛分布在冰盖南面的大陆，年代在 1.32 万年前与 1.29 万年前之间。克洛维斯文化在人工制品的制造上别具一格，比如将片状矛尖双面开槽（克洛维斯矛尖）。有证据表明，克洛维斯人独特的制造方法也被梭鲁特人独立开发出来了（见 Bradley 和 Stanford，2004）。

恐怖切分音

音乐中的切分音指在本该弱拍的位置上出现的重音，这种不合规律的重音会带来“节奏上的意外感”。在“闪电战”假说和过度猎杀的背景下，人类进入未到过或未开发的环境后，“意外地”给全球生物多样性带来毁灭性、反复性打击，这种情境被称作“恐怖切分音”。

猎物无知（生态无知、行为无知）

行为学概念，指被捕食动物无法识别捕食者并做出反应的状态。这种状态的后果可想而知，被捕食动物必然被大量捕食。

埋藏学

对有机体腐败并形成化石的过程的研究。

末次冰盛期

晚更新世期间全球冰量最大的时期。对这个时期的界定和来源仍有分歧，但目前最合理的估算是2.75万年前至2.33万年前，或者出于简化取中点，即2.6万年前。这个时期也是过去13万年里海平面最低和大气尘埃含量最高的时期。末次冰盛期数千年后，全球各冰盖后退到当前的位置。另外，主要大陆冰盖的活动并不一致，所以各大陆的冰盛期出现在不同时间。对这种现象的解释如下：除其他因素外，末次冰盛期的气候条件极其干燥，因为冷空气容纳水蒸气的能力不如暖空气，因此一些缺乏降水的冰川实际上在末次冰盛期不进反退。

末次出现时间

一个灭绝物种被观察到或出现的“最后”时间，用以估算该物种灭绝的实际时间（通常情况下未知和不可知）。在大多数情况下，这个估算方法是可接受的，尤其当结论是基于大量放射性碳测年结果做出的。例如，弗兰格尔岛长毛象种群的末次出现时间是3 730 ± 40碳年前或4 000 ~ 4 200日历年前。对于新近灭绝的物种，我们有时可以找到具体年份的书面证据。例如，有记载的最后一次福克兰群岛狼目击事件发生在公元1876年。但要注意，最近一次有记载的目击不一定是该物种的最后个体。

末次间冰期

全新世（我们现在所处的地质年代）之前的最后一段漫长的温暖期。与冰期类似，末次间冰期的起始时间和最高气温因地而异。目前，北半球末次间冰期估计在 13 万年前至 12.3 万年前。至少在北美洲中纬度地区，有花粉证据表明，末次间冰期的气温比今天高 3 摄氏度。参照我们当前对全球变暖的关切，这样的气温差异相当悬殊。

全新世

最年轻的地质年代，与 1.17 万年前开始的最近间冰期［即当前间冰期（Present Interglacial）］重合。全新世目前尚无下一级地质年代划分。公元 1945 年之后的时期今后可能会单独划为人类世（Anthropocene），但人类世目前还不是正式的地质年代。

热盐环流

想象有一系列相互连接的传送带将全球海洋的水从一地输往另一地（包括横向和纵向输送）。这些传送带的主要驱动力是水柱内部的温度和盐度的差异。随着时间推移，海水缓慢移动并发生全球性混合。在大西洋，随墨西哥湾流（Gulf Stream）从热带向北移动的温水调节了海陆高纬度地区的温度。其他海洋“传送装置”也以类似的模式运行，即传导热能并诱发远距离混合。我们认为，这一“传送系统”在第四纪多次中断，给全球气候带来了影响（见海因里希事件和丹斯果-奥什格尔事件）。

上新世

更新世之前的地质年代，从 530 万年前至 260 万年前。在本书中，上新世的重要性在于，首次显著的冰盖前进出现在上新世的末期。

首次出现时间（首次到达时间、最初到达时间、首次进入时间）

在本书中指考古学意义上人类在某个地点的最早居住时间，比如人类在新西兰的首次出现时间是公元 1250 年。这个概念与末次出现时间对应，所以也可能受到同源错误的影响。

首次生物接触、首次接触

首次生物接触是建立在首次人类接触（anthropological first contact）的概念之上。首次人类接触指来自不同文化背景的人首次相遇并开始互动的时间。同理，当人类到达一个从未有人居住过的地方，并开始与当地的生态系统和生物群发生互动时，这就是首次生物接触。首次接触的人类学意义还包含伴随这种接触而来的多重后果。在人类历史上，强势文化与弱势文化的首次接触往往意味着前者的统治和后者的灾难。在自然历史范畴，首次接触的结果基本相同，所以将首次生物接触与首次人类接触相提并论具有高度的合理性。

梭鲁特文化

旧石器时代晚期的考古文化，以年代介于 2.2 万年前和 1.7 万年前之间的西欧遗址为代表。梭鲁特石器制作方法包含当时前所未有的创新，例如用软锤双面击打石器。

体型大小（身体尺寸）

对于仅存骨骼的灭绝动物，我们可以将灭绝动物与体型已知的其他物种进行比较，从而估计出灭绝动物的体型（体重）。回归分析等方法基于如下事实：在广泛的物种范围里，某些身体部位（如臼齿、长骨）的尺寸差异与体型大小的差异是对应的。然而，这种方法通常假定灭绝物种和同一类群中现存物种有相同的身体比例。如果比例不同，那么体型预测可能极不准确。由于我们对实际比例知之甚少，我更倾向于对灭绝物种的体型大小进行非常保守的估计。

替代性证据

在科学应用中，替代性证据也被称作“代用物”，通常指变化方式与无法直接测量的另一事物大体相同的事物，因此可以代表另一事物。例如，科学家通过冰芯的氧同位素浓度推断古代的气温。需要强调的是，代用物与基于此代用物的推论之间的联系必然涉及并非普适的假设。

晚更新世

正式的地质年代，更新世的最末期，从 12.6 万年（ ± 5 000 年）前至 1.17 万年前，通常四舍五入为 13 万年前至 1.2 万年前。

现代

过去的 500 年，即公元 1500 年至今。从近时期的**古人类**流散算起，出现在这个时期的**首次生物接触**及随后的灭绝事件最多。

新生代

从 6 600 万年前至今的地质年代。

新仙女木期

更新世末期两段温暖期之间的一段短暂极寒期，从 1.29 万年前至 1.17 万年前。来自格陵兰冰芯的稳定同位素数据记录了这段时期的剧烈变化，我们以此为依据确定了这段时期的起止时间。新仙女木期之前为阿勒罗德间冰段，之后为**全新世**间冰期。

动物及人种名称表

（按照拼音顺序排列）

已灭绝动物

编号	中文译名	拉丁学名	备注
1	爱尔兰巨鹿	*Megaloceros giganteus*	
2	爱氏古狐猴	*Archaeolemur edwardsi*	种加词 *edwardsi* 从法国动物学家阿方斯·米尔内–爱德华兹（Alphonse Milne-Edwards，1835—1900）
3	爱氏巨狐猴	*Megaladapis* [Peloriadapis] *edwardsi*	种加词 *edwardsi* 从阿方斯·米尔内–爱德华兹
4	安氏鳄	*Volia athollandersoni*	属名 *Volia* 从该物种化石的发现地之一沃利–沃利洞穴（Voli-Voli Cave），种加词 *atholl-andersoni* 从澳大利亚国立大学考古学与自然历史系教授阿瑟尔·安德森（Atholl Anderson）
5	北岛巨恐鸟	*Dinornis novaezelandiae*	
6	波氏树袋鼠	*Bohra paulae*	
7	波斯黇鹿	*Dama dama mesopotamica*	该物种是黇鹿的一个亚种还是独立物种，尚有争议
8	长鼻西猯	*Mylohyus nasutus*	
9	长臂懒猴	*Mesopropithecus dolichobrachion*	
10	长角野牛	*Bison latifrons*	

（续表）

编号	中文译名	拉丁学名	备注
11	长角爪哇水牛	*Bubalus palaeokerabau*	
12	长颈驼	*Macrauchenia patachonica*	一种后弓兽
13	长毛犀	*Coelodonta antiquitatis*	
14	长毛象	*Mammuthus primigenius*	又名长毛猛犸象、毛象、真猛犸象，是体型最小的猛犸象
15	粗壮吻金卡纳鳄	*Quinkana fortirostrum*	
16	大头长腿驼	*Hemiauchenia macrocephala*	
17	袋貘	*Palorchestes azael*	
18	袋犀属	*Zygomaturus*	
19	雕齿兽	*Glyptodon*	属名
20	洞鬣狗	*Crocuta crocuta spelaea*	斑鬣狗的一个亚种
21	洞熊	*Ursus spelaeus*	
22	杜氏北美猎豹	*Miracinoyx trumani*	
23	渡渡鸟	*Raphus cucullatus*	
24	俄亥俄巨河狸	*Castoroides ohioensis*	种加词 *ohioensis* 从该物种化石的主要发现地美国俄亥俄（Ohio）州
25	二趾树懒	*Choloepus*	属名
26	方氏古大狐猴	*Archaeoindris fontoynonti*	种加词 *fontoynonti* 从当时马达加斯加学院（Malagasy Academy）院长安托万·莫里斯·方特瓦农（Antoine Maurice Fontoynont）

（续表）

编号	中文译名	拉丁学名	备注
27	费氏巨鼠	*Papagomys theodorverhoeveni*	种加词 *theodorverhoeveni* 从荷兰地质学家、传教士西奥多·费尔赫芬（Theodor Verhoeven，1907—1990）。费尔赫芬在 20 世纪 50 年代和 60 年代到弗洛勒斯岛从事考古工作，发现并挖掘了多处遗址，其中包括著名的梁布亚洞穴遗址。他最大的贡献是 1965 年在弗洛勒斯岛上发现了与矮象化石相关的古代石凳，表明直立人在现代人之前就生活在华莱西亚地区
28	弗洛勒斯矮象	*Stegodon florensis*	
29	福克兰群岛狼	*Dusicyon australis*	又名福克兰群岛狐
30	福氏矮象	*Palaeoloxodon falconeri*	种加词 *falconeri* 从苏格兰地质学家、植物学家、古生物学家和古人类学家休·福尔科纳（Hugh Falconer，1808—1865），他是该物种发现者，曾任英国皇家学会副会长
31	福氏巨天鹅	*Cygnus falconeri*	种加词 *falconeri* 从休·福尔科纳，该物种发现者
32	高喙冢雉	*Megavitiornis altirostris*	
33	哥伦比亚猛犸象	*Mammuthus columbianus* 或 *Mammuthus columbi*	
34	歌利亚短面袋鼠	*Procoptodon goliah*	种加词 *goliah* 指《圣经》中与大卫决斗的腓力士巨人歌利亚

（续表）

编号	中文译名	拉丁学名	备注
35	格朗氏巨龟	*Geochelone grandidieri*	种加词 *grandidieri* 从法国博物学家和探险家阿尔弗雷德·格朗迪迪埃（Alfred Grandidier，1836—1921）。他在 19 世纪 60 年代和 70 年代三次到马达加斯加探险，后与法国动物学家阿方斯·米尔内–爱德华兹合作写成 40 卷巨著《马达加斯加物质、自然和政治史》（*Histoire physique, naturelle et politique de Madagascar*）
36	格朗氏巨狐猴	*Megaladapis grandidieri*	种加词 *grandidieri* 从阿尔弗雷德·格朗迪迪埃
37	古巴鹤	*Grus cubensis*	
38	古巴巨型猫头鹰	*Ornimegalonyx oteroi*	
39	古草食有袋属	*Diprotodon*	属名
40	古巨蜥	*Varanus* [Megalania] *priscus*	
41	古巨野牛	*Pelorovis Antiquus*	
42	哈兰氏地懒	*Paramylodon harlani*	种加词 *harlani* 从美国博物学家、动物学家、医生理查德·哈兰（Dr. Richard Harlan，1796—1843）。哈兰著有《美国动物》（*Fauna Americana*）和《美国爬行动物学》（*American Herpetology*）等，曾在本书提到的费城博物馆担任比较解剖学教授。他于 1835 年首次发现并描述了哈兰氏地懒的下颌骨
43	哈兰氏麝牛	*Bootherium bombifrons*	译自该物种的英文俗名 Harlan’s musk ox

（续表）

编号	中文译名	拉丁学名	备注
44	哈氏鹰	*Hieraaetu moorei*	拉丁学名原书作 *Harpagornis moorei*，是该物种的旧名。种加词 *moorei* 从该物种骨骼发现地格兰马克庄园（Glenmark Estate）的所有者乔治·亨利·摩尔（George Henry Moore，1812—1905）。该物种的首位描述者是德国地质学家、新西兰坎特伯雷博物馆创办人尤利乌斯·冯·哈斯特（Julius von Haast，1822—1887），故名“哈氏鹰”
45	海地大地懒	*Parocnus serus*	
46	豪勋爵鸽	*Columba vitiensis godmanae*	白喉林鸽的一个亚种
47	赫氏硬头甲兽	*Sclerocalyptus heusseri*	
48	后弓兽	*Macrauchenia*	属名，又名滑距兽
49	键足雕齿兽	*Glyptodon clavipes*	
50	杰氏巨爪地懒	*Megalonyx jeffersonii*	种加词 *jeffersonii* 从美国第三任总统托马斯·杰斐逊（Thomas Jefferson，1743—1826）。他于1797年首次描述了该物种的骨骼，并将其命名为 *Megalonyx*（意为“巨爪”），但他误认为这些骨骼可能属于一种巨狮
51	居维氏嵌齿象	*Cuvieronius hyodon*	属名 *Cuvieronius* 从乔治·居维叶
52	巨双门齿兽	*Diprotodon optatum*	
53	巨象鸟	*Aepyornis maximus*	已知世界第二大鸟，第一大鸟是与其同科的泰坦巨鸟（*Vorombe titan*）

（续表）

编号	中文译名	拉丁学名	备注
54	巨型短面熊	*Arctodus simus*	种加词 *simus* 意为“短翘鼻的”
55	巨疣猪	*Metridiochoerus modestus*	
56	巨原狷羚	*Megalotragus priscus*	
57	惧河马	*Hippopotamus gorgops*	种加词 *gorgops* 意为“蛇发女妖”。这种河马因眼眶极高，眼神如希腊神话中的蛇发女妖一样可怕，故得此名
58	开普巨斑马	*Equus capensis*	
59	恐狼	*Canis dirus*	
60	拉法短面袋鼠	*Procoptodon rapha*	种加词原书作 *raphe*，有误。种加词 *rapha* 指《圣经》人物便雅悯的五子拉法，也有人认为源自希腊语 *raphe*，意为“裂缝”
61	拉普拉塔箭齿兽	*Toxodon platensis*	种加词 *platensis* 从南美洲第二大河拉普拉塔河（Rio de la Plata）
62	拉氏巨针鼹	*Megalibgwilia ramsayi*	种加词 *ramsayi* 从苏格兰地质学家安德鲁·克伦比·拉姆齐（Sir Andrew Crombie Ramsay，1814—1891）
63	勒氏倭河马	*Hippopotamus lemerlei*	
64	雷氏直牙象	*Palaeoloxodon recki*	
65	类河马双门齿兽	*Zygomaturus trilobus*	
66	掠齿懒兽	*Lestodon armatus*	
67	旅鸽	*Ectopistes migratorius*	
68	马达加斯加鳄	*Voay robustus*	
69	马达加斯加兽	*Plesiorycteropus madagascariensis*	
70	马达加斯加倭河马	*Hexaprotodon madagascariensis*	

（续表）

编号	中文译名	拉丁学名	备注
71	马耳他倭河马	*Hippopotamus melitensis*	
72	麦氏鼠	*Rattus macleari*	
73	梅氏犀	*Stephanorhinus kirchbergensis*	
74	美洲大地懒	*Megatherium americanum*	
75	美洲乳齿象	*Mammut americanum*	
76	猛袋狮	*Thylacoleo carnifex*	
77	穆氏巨象鸟	*Mullerornis grandis*	属名 *Mullerornis* 从法国探险者乔治·穆勒（Georges Muller），他在 1892 年被马达加斯加的萨卡拉瓦人杀死
78	穆氏象鸟	*Mullerornis*	属名
79	纳拉库特巨蛇	*Wonambi naracoortensis*	种加词 *naracoortensis* 从首次得到描述的该物种化石的发现地澳大利亚纳拉库特洞穴
80	南岛巨恐鸟	*Dinornis robustus*	
81	南方乳齿象	*Notiomastodon*	属名，归嵌齿象科
82	啮齿巨懒	*Megalocnus rodens*	
83	牛顿雷啸鸟	*Genyornis newtoni*	种加词 *newtoni* 从英国物理学家艾萨克·牛顿（Issac Newton，1642—1727）
84	牛犬鼠	*Rattus nativitatis*	
85	欧文氏忍者龟	*Ninjemys oweni*	又名巨卷角龟。种加词 *oweni* 从理查德·欧文
86	欧洲野驴	*Equus hydruntinus*	种加词 *hydruntinus* 从意大利东南部城市奥特朗托（Otranto）的拉丁语名称希德伦特姆（Hydruntum）。这座城市一度以养马闻名
87	潘帕斯短面熊	*Pararctotherium pamparum*	

（续表）

编号	中文译名	拉丁学名	备注
88	平塔岛龟	*Chelonoidis abingdonii*	
89	奇异驼	*Hemiauchenia paradoxa*	
90	人面懒猴	*Palaeopropithecus maximus*	该物种酷似马达加斯加传说中的一种半人半猴生物，故得此名
91	塞浦路斯矮象	*Palaeoloxodon Cypriotes*	
92	三趾树懒	*Bradypus*	属名
93	沙斯塔地懒	*Nothrotheriops shastensis*	种加词 *shastensis* 从加利福尼亚沙斯塔（Shasta）
94	史蒂芬犀	*Stephanorhinus*	属名
95	斯科氏驼鹿	*Cervalces scotti*	种加词 *scotti* 从美国古脊椎动物学家、哺乳动物学权威、普林斯顿大学地质学和古生物学教授威廉·贝里曼·斯科特（William Berryman Scott，1858—1947）
96	四角叉角羚	*Capromeryx furcifer*	属名原书作 *Captomeryx*，有误
97	塔里哈大地懒	*Megatherium tarijensis*	种加词 *tarijensis* 从玻利维亚塔里哈盆地（Tariha Basin），这是该物种遗骸的发现地之一
98	塔斯马尼亚狼	*Thylacinus cynocephalus*	又名塔斯马尼亚虎
99	托马氏胡里兽	*Hulitherium tomasetti*	属名 *Hulitherium* 从巴布亚新几内亚原住民胡里人，种加词 *tomasetti* 从巴布亚新几内亚的一名牧师贝拉德·托马塞蒂（Berard Tomasetti），是他引起专家对该物种化石的关注
100	威氏袋熊	*Warendja wakefieldi*	

（续表）

编号	中文译名	拉丁学名	备注
101	韦氏鼠	*Noronhomys vespuccii*	属名 *Noronhomys* 从该物种发现地费尔南多–迪诺罗西亚群岛（Fernando de Noronha），种加词 *vespuccii* 从探险家亚美利加·韦斯普奇
102	维洛貘	*Tapirus veroensis*	种加词 *veroensis* 从美国佛罗里达州的维洛海滩（Vero Beach）。包括完整齿系的该物种首个完整头骨于 1915 年在这里发现
103	西伯利亚板齿犀	*Elasmotherium sibiricum*	
104	西部驼	*Camelops hesternus*	
105	西方短面袋鼠	*Simosthenurus occidentalis*	
106	西瓦兽	*Sivatherium maurusium*	
107	象足恐鸟	*Pachyornis elephantopus*	又名粗壮恐鸟
108	小丛恐鸟	*Anomalopteryx didiformis*	
109	星尾兽	*Doedicurus clavicudatus*	
110	亚纳沙袋鼠	*Protemnodon anak*	种加词 *anak* 指《圣经》中亚纳巨人族（Anakim）的祖先
111	亚特兰蒂卡象	*Loxodonta atlantica*	种加词 *atlantica* 指亚特兰蒂卡古陆，形成于大约 20 亿年前的元古代（Proterozoic），包括现在的西非和南美洲东部。这片古陆开放后形成了南大西洋，故名“亚特兰蒂卡”，即大西洋（Atlantic Ocean）的音译
112	亚洲直牙象	*Palaeoloxodon namadicus*	
113	伊斯帕尼奥拉猴	*Antilothrix bernensis*	种加词 *bernensis* 从多米尼加的博尔纳洞穴（Cueva de Berna），这里是该物种首个化石标本的发现地

（续表）

编号	中文译名	拉丁学名	备注
114	约氏粗腿鹪鹩	*Pachyplichas yaldwyni*	种加词 *yaldwini* 从新西兰甲壳动物学家和海洋生物学家约翰·卡梅隆·约德温（John Cameron Yaldwyn，1929—2005）
115	窄鼻犀	*Stephanorhinus hemitoechus*	
116	窄角巨狷羚	*Parmularius angusticornis*	
117	窄头伏地懒	*Scelidotherium leptocephalum*	
118	爪哇矮剑齿象	*Stegodon hypsilophus*	
119	致命刃齿虎	*Smilodon fatalis*	
120	朱马长颈鹿	*Giraffa jumae*	

现存动物

编号	中文译名	拉丁学名	备注
1	白喉林鸽	*Columba vitiensis*	
2	白尾鹿	*Odocoileus virginianus*	
3	白犀	*Ceratotherium simum*	种加词原书作 *simus*，有误
4	斑鬣狗	*Crocuta crocuta*	
5	斑马贻贝	*Dreissena polymorpha*	
6	大食蚁兽	*Myrmecophaga tridactyla*	
7	袋獾	*Sarcophilus harrisii*	又名塔斯马尼亚恶魔、大嘴怪。种加词原书作 *Sarcophilus harrisii laniarius*，有误
8	东部箱龟	*Terrapene carolina carolina*	
9	非洲草原象	*Loxodonta africana*	
10	非洲森林象	*Loxodonta cyclotis*	
11	非洲象	*Loxodonta*	属名
12	非洲野牛	*Syncerus caffer*	

（续表）

编号	中文译名	拉丁学名	备注
13	非洲疣猪	*Phacochoerus africanus*	
14	高鼻羚羊	*Saiga Tatarica*	
15	古巴鳄	*Crocodylus rhombifer*	
16	古巴鼩	*Solenodon cubanus*	
17	黑腹蛇鹈	*Anhinga melanogaster vulsini*	
18	黑马羚	*Hippotragus niger*	
19	黑鼠	*Rattus rattus*	
20	黑犀	*Diceros bicornis*	
21	黑熊	*Ursus americanus*	
22	黑嘴天鹅	*Cygnus buccinators*	
23	红袋鼠	*Osphranter rufus*	
24	红颈袋鼠	*Macropus rufogriseus*	
25	滑嘴犀鹃	*Crotophaga ani*	
26	环颈雉	*Phasianus colchicus*	
27	环尾狐猴	*Lemur catta*	
28	黄颈鹮	*Theristicus caudatus*	
29	灰颏白喉林鸽	*Columba vitiensis griseogularis*	白喉林鸽的一个亚种
30	家马	*Equus caballus*	
31	狷羚	*Alcephalus buselaphus*	
32	科莫多巨蜥	*Varanus Komodensis*	
33	美洲豹	*Panthera onca*	又名美洲虎
34	美洲狮	*Puma concolor*	
35	美洲小鸵	*Rhea pennata*	又名达尔文三趾鸵
36	美洲野牛	*Bison bison*	
37	米切氏凤头鹦鹉	*Cacatua leadbeateri*	
38	缅鼠	*Rattus exulans*	又名波利尼西亚鼠
39	南美泽鹿	*Blastocerus dichotomus*	又名沼泽鹿
40	尼罗鳄	*Crocodylus niloticus*	
41	牛背鹭	*Bubulcus ibis*	

（续表）

编号	中文译名	拉丁学名	备注
42	平原斑马	*Equus quagga*	又名普通斑马
43	普氏野马	*Equus przewalskii*	
44	绶带长尾风鸟	*Astrapia mayeri*	
45	水牛	*Bubalus arnee*	又名亚洲野水牛
46	苏门犀	*Dicerorhinus sumatrensis*	
47	西方狍	*Capreolus capreolus*	
48	鸮鹦鹉	*Strigops habroptila*	
49	笑翠鸟	*Dacelo novaeguineae*	
50	亚洲象	*Elephas maximus*	亚洲象属下唯一的现生种
51	岩鸽	*Columba livia*	
52	眼镜熊	*Tremarctos ornatus*	又名安第斯熊
53	原驼	*Lama guanicoe*	
54	锥虫	*Trypanosoma*	属名
55	棕熊	*Ursus arctos*	又名灰熊
56	棕灶巢鸟	*Funarius rufus*	
57	鬃狼	*Chrysocyon brachyurus*	

人种

中文译名	拉丁学名
丹尼索瓦人	英语为 Denisovan，尚无拉丁学名
弗洛勒斯人	*Homo floresiensis*
海德堡人	*Homo Heidelbergensis*
尼安德特人	*Homo neanderthalensis*
直立人	*Homo erectus*
智人	*Homo sapiens*

延伸阅读

互联网上有大量与近时期大灭绝有关的资料。例如，维基百科上有一篇关于第四纪灭绝的好文（https://en.wikipedia.org/wiki/Quaternary_extinction_event），不过这篇文章并没有我的贡献。关于近时期物种损失原因的争论仍在继续，有意深入了解的读者可以查阅一些主要的科学期刊，比如《美国国家科学院汇刊》（*Proceedings of the National Academy of Sciences*）、《科学》和《自然》。此外，还有许多专业刊物，这里不再一一罗列。

许多插图精美的图书介绍了近时期生活在世界各地的巨型动物。在过去 15 年出版的此类图书包括：克里斯 · 约翰逊（Chris Johnson）的《澳大利亚哺乳动物的灭绝》（*Australia's Mammal Extinctions*，2006 年）、斯蒂夫 · 古德曼（Steve Goodman）和比尔 · 容格斯（Bill Jungers）的《马达加斯加大灭绝》（*Extinct Madagascar*，2014 年）、阿德里安 · 里斯特（Adrian Lister）和保罗 · 巴恩（Paul Bahn）的《猛犸象：冰期巨兽》（*Mammoths: Giants of the Ice Age*，2015 年）和达林 · 克罗夫特（Darin Croft）的《角犰狳与漂流猴》（*Horned Armadillos and Rafting Monkeys*，2016 年）。此外，于尔根 · 埃勒斯（Jürgen Ehlers）、菲利普 · D. 休斯（Philip D. Hughes）和菲利普 · L. 吉伯德（Philip L. Gibbard）合著的《第四纪冰期》（*The Ice Age*，2016 年）出色描述了第四纪的气候和地质情况。如果你像我一样喜欢彼得 · 斯考滕的作品，你可以去看看他和他的合著者近年出版的图书，里面包含许多精美的插图。我最喜欢的是他与蒂姆 · 弗兰纳里共同创作的《自然的鸿沟：发现灭绝动物》（*A Gap in Nature: Discovering the World's Extinct Animals*，2001 年）。本书的参考书目提供了上述图书的完整出版信息。

致 谢

没有言语足以表达我对妻子克莱尔·弗兰宁（Clare Flenning）的感谢，她为我们两人的日常琐事全心全意地付出，而我却自私地把个人的自由时间花在了这本书上。我还要感谢彼得·斯考滕，感谢他的艺术创作为我的书增光添彩，更要感谢他在项目早期受挫时仍愿与我并肩坚持。我的经纪人吉莲·麦肯齐（Gillian MacKenzie），还有我的同行、生物学家和知名作家比尔·舒特（Bill Schutt）都向我充分表达了《消失的远古巨兽》一书的价值，这份莫大的鼓励促使我善始善终。诺顿出版社（Norton）的编辑约翰·格鲁斯曼（John Glusman）既鼓励我，也批评我，而事实证明，这是一种十分有益的结合。我感激你们每一个人。

我总是在最后一刻才请求摄影师丹尼斯·芬宁（Denis Finnin）以及帕特丽夏·韦恩和洛雷恩·米克（Lorraine Meeker）这两位画家给我提供图片，而他们总能想方设法满足我的要求。美国自然历史博物馆研究图书馆主任汤姆·巴约内（Tom Baione）以及马伊·里特迈耶（Mai Reitmeyer）、肯德拉·迈耶（Kendra Meyer）两位职员在创作本书的每个阶段都提供了帮助。我还要感谢诺顿出版社的编辑助理海伦·托梅兹（Helen Thomaides）和文字编辑特伦特·达菲（Trent Duffy），感谢他们耐心解答我提出的许多问题。本书设计精美，文字和图片处理细致，为此我要感谢茱莉亚·德鲁斯金（Julia Druskin）和埃米·梅代罗斯（Amy Medeiros）。

我还要感谢两位我喜欢和珍惜的朋友兼同事：一位是格兰特·扎祖拉（Grant Zazula），他为位于怀特霍斯（Whitehorse）的育空政府古生物学计划工作；另一位是亚历山大·范德吉尔（Alexander van der Geer），他在阿姆斯特丹自然生物多样性中心（Naturalis Biodiversity Center, Amsterdam）工作。他们阅读了本书的多版草稿并提出意见。他们的意见，我有的接受了，有的没接受，因此本书若有任何错误都与他们二人无关。

最后，当我写下这段文字时，许多美好的记忆涌现在脑海里。我要感谢很多同行，他们来自不同的国家，陪伴我走过美好的职业生涯，其中包括但绝不限于拉里·阿根布罗德（Larry Agenbroad，已故）、托尼奥·阿尔科瓦尔（Tonyo Alcovar）、李·阿诺德（Lee Arnold）、奥斯卡·阿雷当多（Oscar Arredondo，已故）、克里斯·比尔德（Chris Beard）、佩尔·波弗（Pere Bover）、伯纳德·布吉（Bernard Buigues）、戴维·伯尼（David Burney）、马特·卡特米尔（Matt Cartmill）、马特·柯林斯（Matt Collins）、乔尔·克拉克拉夫特（Joel Cracraft）、鲍勃·迪尤尔、丹顿·埃贝尔（Denton Ebel）、奈尔斯·埃尔德奇（Niles Eldredge）、C. W. J. 艾略特（C. W. J. Eliot，已故）、丹·费舍尔、安妮娅·福拉西皮（Analia Forasiepi）、杜安·弗罗（Duane Froese）、亚历克斯·格林伍德（Alex Greenwood）、曼努埃尔·伊图拉尔德–文南特（Manuel Iturralde-Vinent）、路易斯·雅各布斯（Louis Jacobs）、孟锦（音译）、马特·拉曼纳（Matt Lamanna）、乔治·莱拉（George Lyras）、普雷斯顿·马克斯、格雷格·麦克唐纳（Greg McDonald）、唐纳德·麦克法兰（Donald McFarlane）、马尔科姆·麦肯纳（Malcolm McKenna，已故）、卡尔·梅林（Carl Mehling）、迪克·莫尔（Dick Mol）、迈克·诺瓦切克（Mike Novacek）、帕特·奥康纳（Pat O'Connor）、亨德里克·波伊纳（Hendrik Poinar）、马塞洛·雷格罗（Marcelo Reguero）、阿尔贝托·雷耶斯（Alberto Reyes）、曼努埃尔·里韦罗·德拉卡列（Manuel Rivero de la Calle，已故）、理查德·罗伯茨（Richard Roberts）、杰夫·桑德斯（Jeff Saunders）、雷特·夏皮罗（Reth Shapiro）、阿尔方索·席尔瓦–李（Alfonso Silva-Lee）、格雷厄姆·斯莱特（Graham Slater）、戴维·斯特德曼、金特里·斯蒂尔（Gentry Steele，已故）、阿列克谢·提克霍诺夫、萨姆·特维（Sam Turvey）、亚历山大·范德吉尔、谢尔盖·瓦尔塔尼扬、马蒂娜·维亚鲁姆–兰德里亚曼纳特纳（Martine Vuillaume-Randriamanantena）、尼尔·威尔斯（Neil Wells）、格兰特·扎祖拉，当然，还有保罗·马丁。

插图来源

所有整版插图均由彼得 · 斯考滕创作。正文插图的来源说明以插图序号排序。方框内插图的来源说明以页码排序。

正文插图

图 1.1　美国自然历史博物馆丹尼斯 · 芬宁

图 1.2　美国自然历史博物馆研究图书馆丹尼斯 · 芬宁

图 1.3　美国自然历史博物馆研究图书馆丹尼斯 · 芬宁

图 1.4　美国自然历史博物馆研究图书馆丹尼斯 · 芬宁

图 3.1　由帕特丽夏 · J. 韦恩根据 Zazula 等人（2014）图 2 创作

图 3.2　由帕特丽夏 · J. 韦恩根据 Robert A. Rohde 的全球变暖艺术项目创作

图 3.3　由帕特丽夏 · J. 韦恩根据 Oppo 和 Curry（2012）图 8 创作

图 5.1　来自 Cuvier 和 Brongniart（1822）整版插图 2A

图 5.2　由帕特丽夏 · J. 韦恩创作

图 5.3　来自 Tilesius（1815）整版插图 10

图 5.4　来自 Ruckland（1824）整版插图 4

图 5.5　来自 Ruckland（1831）附录整版插图 1

图 6.1　来自 Holder（1886）整版饰面第 36 页

图 6.2　由帕特丽夏 · J. 韦恩创作

图 7.1　由帕特丽夏 · J. 韦恩创作

图 10.1　来自 Waldren 和 Layard（1872）整版插图 6

图 10.2　来自 Waterhouse（1839）整版插图 4

图 11.1　由帕特丽夏 · J. 韦恩创作

图 11.2　由帕特丽夏 · J. 韦恩创作

图 11.3　　由帕特丽夏 · J. 韦恩创作

图 12.1　　由帕特丽夏 · J. 韦恩创作

方框内插图

第 6 页，来自 Figuier（1866）图 180

第 17 页，由帕特丽夏 · J. 韦恩创作

第 61 页，由帕特丽夏 · J. 韦恩创作

第 65 页，来自 Montule（1821）未编号的一张整版插图

第 75 页，照片来自克莱尔 · 弗莱明（Clare Flemming）

第 78 页，来自美国自然历史博物馆研究图书馆的数字特辑（Digital Special Collections）

第 116 页，照片来自克莱尔 · 弗莱明

第 165 页，由帕特丽夏 · J. 韦恩创作

第 168 页，由帕特丽夏 · J. 韦恩创作

尾　注

第 1 章　大

1. 哥伦比亚猛犸象通常被看作一个不同于长毛象的物种，但最近的遗传证据表明两者能够杂交（见 Enk 等人，2016）。无论如何，除小型避难种群之外，这两种猛犸象似乎都在 1.2 万 ~ 1.3 万年前灭绝了。
2. 纽约的探险家俱乐部（Explorers Club）有没有像都市传奇所说的那样供应过猛犸象菜品呢？美食家和很多读者可能都想知道答案。答案是“没有”：见 MacDonald（2016）。

第 2 章　“灭绝来得如此突然”

1. 关于“物种大灭绝中总有赢家和输家”的概念，见 Jablonski（2001）。
2. 见 Johnson（2002）。
3. 基于不同的物种定义，新世界的物种级灭绝数量是有差异的。不可否认，我是一个保守派。
4. 旅鸽在消失之前是否经历过种群大小和遗传多样性的剧烈波动，这是一个颇有争议的话题。据 Murray 等人（2017），鸽群规模似乎一直比较稳定，但由于适应方面的原因，鸽群并不具有遗传多样性。这种情况可能是 19 世纪人类过度狩猎给旅鸽造成严重影响的原因之一，因为它们缺乏足够的遗传资源来应对此种程度的迫害。基于这种观点，种群迅速崩溃是不可避免的。旅鸽的例子说明，庞大而稳定的种群规模并不总是能够延缓物种的灭绝。
5. Audubon（1832，1:322）。
6. 马丁在其最后的著作里对他的观点进行了完善的总结（Martin，2005）。
7. 见 Turvey（2009a）给出的清单。尤其见 Sandom 等人（2014）最近对全球陆栖脊椎动物消失情况的评估。

第 3 章　人类之前的世界

1. 见 Funder 等人（2001）。
2. 这个话题过于复杂，此处无法尽述。有关米兰科维奇周期的介绍，可访问 https://en.wikipedia.org/wiki/Milankovitch_cycles。
3. 此处有关第四纪环境和地质的描述主要基于以下参考书目的相关章节：Ehlers，Hughes 和 Gibbard（2016）。
4. 大多数读者可能不大熟悉南方有蹄类动物，这是曾经生活在南美洲的一类胎盘哺乳动物，多样化程度很高，与马、貘和犀牛等奇蹄目动物是远亲，但到晚更新世，只剩下几个物种（见图 K.1）。新生代晚期长鼻目下有三个科，分别是象科（如猛犸象）、乳齿象科和嵌齿象科。嵌齿象是唯一到达南美洲的长鼻目动物，并且在那坚持到了更新世末期（见图 H.3）。
5. 布拉德·肖基金会（The Bradshaw Foundation）保存了一套非洲岩石艺术档案，可访问 http://www.bradshawfoundation.com/africa/index.php。
6. 想了解拉布雷亚化石（脊椎动物和一些无脊椎动物）的最新列表，请访问 https://en.wikipedia.org/wiki/List_of_fossil_species_in_the_La_Brea_Tar_Pits。

第 4 章　古人类的流散

1. 见 van den Bergh 等人（1996a）。
2. 见 Hublin 等人（2017）。
3. 见 Bae，Douka 和 Petraglia（2017）；Westaway 等人（2017）。
4. 见 Hiscock（2008）。
5. 考古学家 D. J. Meltzer 在其大部分职业生涯中都在研究人类最初进入新世界这一课题，他本人对这场争论的思考见 Meltzer（2010，2015）。
6. Heintzman 和同事（2016）的研究表明，分布在北美洲主要冰盖两侧的美洲野牛种群遗传连续性的波动可以作为一个参考因素，用于确定无冰走廊开放且可供人类行走的时间。
7. 见 Pedersen 等人（2016）。又见 Heintzman 等人（2016）。
8. 见 Halligan，Waters 和 Perrotti（2016）。

9. 见 Bourgeon，Burke 和 Higham（2017）。

10. 见 Bradley 和 Stanford（2004）。

11. 见 Llamas 等人（2016）。

12. 见 Holen 等人（2017）。

13. 见 Chatters 等人（2014）。

14. 见 Borrero（2009）；Fiedel（2009）；Haynes（2009a）。

15. 见 Dillehay 等人（2015）；Braje 等人（2017）。Fariña 等人（2013）提出了一个不甚肯定的主张：人类早在 3 万年前便已出现在南美洲。乌拉圭维齐亚诺溪（Arroyo del Vizcaino）遗址的懒兽和其他巨型动物的四肢骨骼上的疑似切割痕迹可作为证据。在该遗址还发现了一个疑似“铲子”的工具。但即便有这些证据，切割痕迹也可能只是“效仿人类存在的自然过程的一例”。

16. 人类占领安第斯山脉高海拔地区的时间可能比以前的观点早很多，因为有证据表明，占领早在 7 000 年前（甚至 8 000 ~ 9 000 年前）就已经开始了。见 Haas 等人（2017）。有趣的是，有证据表明，这次占领是永久性的。人类全天候生活在海拔 3 000 米的地方，而不是一年四季在高处和周围的低地之间来回迁徙。由于这个时间早于任何农业证据，所以人类居住者必定以狩猎和采集为生。关于人类是否早在晚更新世就生活在安第斯山脉的高海拔地区并因此具备猎捕巨型动物的条件，学界尚无结论。

17. 与蒙特沃德遗址相比，南美洲第二古老的人类占领地可能是定年在 1.4 万年前的干溪 2 号（Arroyo Seco 2）遗址。该遗址位于阿根廷的潘帕斯平原，与蒙特沃德遗址分居安第斯山脉的两侧，有着与蒙特沃德遗址完全不同的生态环境。在那里发现了石器和灭绝哺乳动物（懒兽和马）的遗骸。见 Politi 等人（2016）。

18. 见 van der Geer 等人（2010）。

19. Simmons（1999）阐述了为什么人类可能要对河马骨的集中出现负责，但他承认很难解释为什么河马骨上没有丝毫切割痕迹。

20. MacPhee（2009）；Cooke 等人（2017）。

21. 见 Dewar 等人（2013）。

22. 关于体型大小和身高，见 van der Geer 等人（2014，2016）。

23. 关于马达加斯加河马骨上的切割痕迹，见 Macphee 和 Burney（1991）。在更为晚近的时候，考古人员在懒猴骨骼上发现了切割痕迹，年代约为 2 000 年前（见 Godfrey 和 Jungers，2003）。

24. 见 Holdaway 等人（2014)；Allentoft 等人（2014）。

25. 在新西兰［如南岛沙格河（Shag River）河口］的多个骨沉积层遗址，累计发现了数千块骨头。然而，大多数新西兰遗址的历史都不足 1 000 年，因此在风化和降解造成的物质损失方面，无法与北美洲的更新世末期遗址相提并论。见 Anderson，Allingham 和 Smith（1996）编辑的论文。

26. 见 Carleton 和 Olson（1999）。

27. 人类是蝙蝠以外第一个入侵新西兰的第四纪哺乳动物，并且还带着同伴。与毛利人的祖先一起来到新西兰的是一种特别神通的啮齿动物——缅鼠。这种鼠很快在北岛和南岛散布开来，可能导致了许多小型脊椎动物和无脊椎动物的局部灭绝或彻底灭绝，其中包括蜥蜴、不会飞的甲虫和蜗牛。我们没有找到这方面的直接证据，但这种情境是合理的。鼠科动物常被认为以食用种子等植物器官为生，但鼠科的很多成员都能轻松变成杂食动物。见 https://en.wikipedia.org/wiki/polynesian_rat。

28. 见 Worthy 和 Holdaway（2002）。

29. 见 Owen（1844，73）。

第 5 章　解释近时期大灭绝：最初的尝试

1. 19 世纪人们对灭绝的深入思考、理解与解释可在 Grayson（1984）的文章中找到。又见 Rudwick（1976）。

2. Cuvier（1829，11）。

3. 根据维基百科“独眼巨人”这一条目的内容，“古人把独眼巨人的单眼头骨与矮象头骨弄混”的说法是一则“现代神话”，因为没有任何经典来源提及“头骨、独眼巨人，甚至大象（当时的希腊人还不认识大象）”（https://en.wikipedia.org/wiki/cyclops）。这种说法当然只是异想天开。但另一方面，正如 Adrienne Mayor（2000，2005）所述，不管古希腊人和其他民族知不知道自己看到的是什么，他们当时已经认识了许多不同种类的化石。当然，不排除古典时期热衷于冒险的洞穴探险家们碰巧发现了矮象和其他第四纪脊椎动物的遗骸，或许还思考过这些到底是什么东西。

4. 见 Cuvier（1829，11）。居维叶认为猛犸象是在“最后一次”革命中灭绝的，当时“地球表面经历了一场巨大而突然的革命，这场革命不会早于 5 000 ~ 6 000 年前”（1829，181）。18 世纪，人们在北美洲发现了乳齿象和猛犸象的遗骸。它们到底是什么？与现生大象有什么关系？这些问题在当时令人困惑不已。见 Semonin（2000）；Dugatkin（2009，83）。

5. 居维叶对大洪水和人类的古老性一直讳莫如深。他认为，尽管从未发现人类骨骼与灭绝动物的遗骸有清楚的关联，但若当时人类确实存在，那人类可能在“某个有限的地带”躲过劫难，并且“在可怕的大洪水之后重新遍布世界”（1829，85）。

6. 见 Semonin（2000）；Dugatkin（2009）。引文摘自当时的一张大幅广告和伦勃朗·皮尔为这具组架所写的辩护声明。
7. 阿加西的冰期概念是在 19 世纪 30 年代发展起来的。本段的引文出自他后来为其论著的英语读者编写的一篇纲要（Agassiz，1866，208）。
8. 然而，作为一个反达尔文主义者，阿加西强烈反对当时人们所理解的适应性进化（adaptive evolution），并且提出了一些不合情理的主张，其中一个极其离谱。他说：冰盖吞噬了整个北美洲，扼杀了这片大陆上的所有生命；因此，全新世生物群不是冰期幸存者种群重建的结果，而是被特别创造出来的、崭新的生命。
9. 引文出自达尔文笔记 B 卷（Notebook B）："不管南美洲大型四足动物的灭绝是不是某个凌驾于尘世之上的宏伟机制的一部分，更新世大型四足动物都必定经历了大型爬行动物曾经历过的衰落期。"见 http://darwin-online.org.uk/content/frameset?keywords=cul%2odari2i&pageseq=i&itemID=CUL-DARi2i.-&viewtype=side。
10. Buckland（1831，610）。
11. Lyell（1866，374）。
12. Lyell（1866，374）。
13. 被 Quammen（2008，325）引用。
14. Wallace（1876，150）。在确定第四纪冰期大灭绝的原因方面，华莱士的贡献是有限的，但他的确注意到了体型大小对繁殖能力的影响："然而，每当条件发生重大变化时，大动物而非小动物的灭绝还有另外一个原因……一个我认为达尔文先生和其他人都还没有提及的原因。这个原因基于一个事实，即与小动物相比，大动物几乎无一例外繁殖缓慢。"这里有一个线索，让我们能够洞察巨型动物灭绝的一个主要模式特征：重要的是生理而非体型大小，因为生理与繁殖率相关。华莱士感谢一位"记者"——德斯伯勒的约翰·希克曼（John Hickman of Desborough）先生——对他的启发，这倒是华莱士的典型做派。有趣的是，Osborn（1906，852）愤然驳斥了华莱士的繁殖缓慢论，他说："这个观点没有古生物学依据。"
15. 见 Romer（1933，76—77）。
16. Osborn（1910，507）。

第 6 章　保罗·马丁与死亡星球：过度猎杀假说的兴起

1. Holder（1886，47—48）。

2. Romer（1933，77）。
3. 见马丁关于精确的放射性碳年代测定对检验过度猎杀重要性的任意一篇论文，特别是 Martin（1973，1984，2005）。1997 年 4 月，在美国自然历史博物馆举行了一次大会，会议主题十分恰当——“人类与其他灾难：灭绝和灭绝过程的新观点”。我记得马丁在大会演讲时说道，若是没有放射性碳测年法，根本就不会有关于更新世大灭绝原因的争论。他的意思是，若没有这种新方法令我们能够准确地确定人类的首次出现时间和巨型动物的末次出现时间，那么关于灭绝原因的讨论可能仍停留在早期作家做出模糊论断的阶段。准确的年代测定是理解近时期大灭绝不可或缺的第一步（参见 Zazula 等，2014）。
4. Humbert（1927）的假说认为，马达加斯加中部的大部分地区之所以出现草原动物群衰落，是因为人类首次到达后无节制的焚烧引起了生态变化。该假说一直到 20 世纪 80 年代仍被人们普遍接受。David Burney 的系列论文（如 Burney，1993）指出，这些草原比人类首次到达时间（全新世晚期）古老得多。这并不是说焚烧与当前马达加斯加的物种濒危无关（见 Goodman 和 Jungers，2014），但焚烧是否促使亚化石物种灭绝尚无定论。
5. 《自然》杂志最初使用的标题（见 Vartanyan，Garutt 和 Sher，1993）强烈暗示，弗兰格尔岛的猛犸象经历了体型缩小的过程，但这是错误的。除此之外，文章还有许多其他问题，包括近亲繁殖和与此相关的遗传灾害（见 Rodgers 和 Slatkin，2016）。
6. 猎豹捕食高角羚的成功率是三分之一，部分是因为猎物会根据捕食者的速度调整自己的速度，以便节省体力，实施最后的逃跑机动。见 Wilson 等人（2018）。
7. 以苏必利尔湖罗亚尔岛（Isle Royale）的狼和驼鹿为对象的长期研究讨论了捕食者-猎物关系失衡的后果；见 Mlot（2017）。
8. 如需查阅有关旧石器时代艺术的优质资料和图片，见 Bahn 和 Vertut（1997）；Guthrie（2005）。
9. 尽管过度猎杀的论据多集中在肉上，但从满足基本的营养需求来看，脂肪对远古猎人来说可能同等重要，甚至更重要。特拉维夫大学的拉恩·巴尔卡伊（Ran Barkai）认为，人类之所以青睐猛犸象，可能就是为了获得优质的脂肪。人类的消化系统无法有效吸收肉中的蛋白质，但可以轻松地消耗脂肪并且无须节制，同时脂肪的热量也高于肉（每克脂肪产生 9 卡路里的热量，每克肉只产生 4 卡路里的热量）。见 Zutovski 和 Barkai（2016）。
10. 19 世纪末，现代美洲野牛勉强逃过了彻底灭绝的厄运，这要归功于旨在拯救最后一批美洲野牛的救援行动。当时尚存活的美洲野牛数量是不确定的，据猜测从几百只到不足 1 000 只。相比之下，在欧洲人来到新世界之前，美洲野牛的数量估计在 3 500 万 ~ 6 500 万之间。也就是说，1880 年美洲野牛的种群数量大概是 1500 年的 0.002% ~ 0.003%。在短短几个世纪的时间里，美洲野牛损失了 99.9% 以上的个体，而能令美洲野牛从如此低的水平恢复起来，实为一项壮举。早期人类当然猎杀美洲野牛，但由于物种不断细分，我们尚不清楚是否有任何独立的美洲野牛种在更新世末期消失。如需查阅更多信息，见 Nowak（1999，2：1161）。

第 7 章　论战

1. Guilday（1967，121）。
2. Graham 和 Lundelius（1984），又见 Graham（1985）。
3. 另一个在当时有一定影响的生态论解释是基石食草动物假说（keystone herbivore hypothesis），主要与 Norman Owen-Smith 的工作有关（见 Owen-Smith，1999）。基石物种指为其他物种创造栖息地的物种。在这个意义上，基石食草动物假说属于协同进化论。在今天的非洲森林里，大象和犀牛踩倒灌木，给小动物们觅食辟出道路和空地。在近时期，猛犸象、乳齿象、懒兽以及箭齿兽等南方有蹄类动物可能也为其他物种提供了类似服务，而随着这些超级食草动物的灭绝，这类服务也消失了。但依赖它们生存的物种是否因为它们的消失而彻底灭绝，这是另外一个问题。
4. 关于马丁对气候变化论不完备之处的讨论，见 Martin（1984），Martin 和 Steadman（1999）。
5. 关于“恐怖切分音”这一说法，见 MacPhee 和 Marx（1997）的原始定义，以及后来 Martin（2005）将其与“闪电战”用语体系的整合。
6. 见 Nogués-Bravo 等人（2008）。

第 8 章　今天的过度猎杀假说

1. 见 Horan，Shogren 和 Bulte（2003）；Russell（1995）。
2. 关于猛犸象杂交和“无形局部灭绝”，见 Enk 等人（2011，2016）。
3. 见 Fiedel（2009）。
4. 见 Alroy（1999，2001）。
5. 对阿尔罗伊模型的更多评价，见 Brook 和 Bowman（2002）。
6. 可参阅 Haile 等人（2009）；Barnosky 和 Lindsey（2010）。

7. 见 Steadman 等人（2005）；有关古巴懒兽延迟灭绝的更多证据，见 MacPhee，Iturralde-Vinent 和 Jimenez-Vazquez（2007）。
8. 见 Martin（2005）；又见 MacPhee（2009）。
9. 欧洲的古人类早在中更新世便在希腊马拉土沙（Marathousa）遗址猎捕直牙象。见 Panagopoulou 等人（2015）。
10. 见 Naito 等人（2016）。
11. 虽然一些已灭绝的巨型动物物种确实活到了全新世，但数量不可能很多。Turvey 等人（2013）已经表明，据称在中国活到全新世的一些巨型动物，比如长毛犀（见图 H.6），相关证据是贫乏或可疑的。
12. 对生活在亚欧大陆的大陆部分的猛犸象，有记录的最后存活时间见 MacPhee 等人（2002）。
13. 见 Pitulko 等人（2016）。
14. 对全球各地物种损失的估算，见 Wroe 等人（2004）。
15. 见 Clarkson 等人（2017）。
16. 关于卡迪泉遗址受到干扰的可能性，见 Wroe 等人（2004）。
17. 见 Cosgrove 等人（2010）；Cosgrove 和 Garvey（2017）。
18. 见 White 等人（2010）。
19. 见 Burney，Robinson 和 Burney（2003）。
20. 见 Burney，Robinson 和 Burney（2003）；Feranec 等人（2011）；Rule 等人（2012）。
21. 见 Flannery（1995）。
22. 不论弗兰纳里关于史前萨胡尔古陆的观点正确与否，在全球范围内人为造成的环境变化早已有之。例如，有证据表明人类至少在过去的 4.5 万年里严重改变了热带森林（见 Roberts 等人，2017）。
23. 见 Saltré，Johnson 和 Bradshaw（2016）。关于人类在澳大利亚物种灭绝中的作用，McGlone（2012）进行了较为均衡的总结。
24. van der Geer 等人（2000）对第四纪晚期全球各岛损失的胎盘哺乳动物进行了详尽无遗的编目。关于现代（最近 500 年）的情况，又见 MacPhee 和 Flemming（1999）。
25. 见 Cooke 等人（2017）。外来物种是物种灭绝的强大驱动因素，在岛屿环境中尤其如此。近年来，引入关岛（Guam）的褐林蛇已导致 12 种鸟局部灭绝。黑鼠一直被认为是 500 年前造成安的列斯群岛小型脊椎动物损失的罪魁祸首。
26. 见 Steadman（2006）。

27. 见 Gramling（2016）。可以肯定地说，现代智人在 5 万年前存在于印度尼西亚的许多岛屿，但关于弗洛勒斯岛上何时存在解剖学意义上的现代人，最早的实物证据都定年在了更新世最末期。
28. 关于印度尼西亚群岛的矮剑齿象，见 van den Bergh 等人（1996b）。

第 9 章　尸体何在以及其他反对意见

1. Hyslop（1988，153）。
2. Martin（1973，972）。
3. 关于这个问题，见 Meltzer（2015）对直接证据缺乏原因的讨论。
4. 见 Borrero（2009）；Fariña 等人（2013）；Dillehay 等人（2015）；Politis 等人（2016）。
5. 见 Haynes（2002，2009a）。
6. 6 600 万年前希克苏鲁伯小行星撞击事件对所有体型的恐龙都是一视同仁的，无论是 250 克重的小恐龙，还是 10 吨重的霸王龙，它们都灭绝了。然而，白垩纪末期的物种损失模式在许多方面仍然无法解释。例如，分布在世界各地的海洋微生物出现差异性存活（differential survival）的情况。生活在地表水中的含钙微小浮游生物物种 99% 都灭绝了，几乎是全军覆没。相比之下，底栖（生活在深海的）有孔虫等其他有机体大多存活下来。这意味着厚厚的水体起到了缓冲作用，稀释了撞击造成的有害影响。非鸟翼类恐龙没有得到大自然的保护，全都死掉了，而与它们共存的鸟翼类恐龙幸存下来。
7. 见 Grayson 和 Meltzer（2003，2015）。
8. 见 Waters 等人（2015）。
9. 在涉及大规模灭绝事件时，对某个首选驱动因素的影响进行概括是一种普遍的做法，因为坦率地说，我们根本无法确定每个物种的末次出现时间。
10. Horan，Shogren 和 Bulte（2003）从经济性的角度模拟了过度猎杀的结果和协同进化的各个方面。
11. 见 Martin 和 Steadman（1999）。
12. 见 Bobo 等人（2015）。
13. 北部白犀牛正面临这个问题。自 2006 年和 2007 年，我们再也没有见过这个白犀亚种。根据国际自然保护联盟（International Union for Conservation of Nature）的标准，北部白犀牛可能已经“野外灭绝”。见 http://www.iucnredlist.org/details/4183/0。
14. 见 Grayson 和 Meltzer（2015），Waguespack 和 Surovell（2003）；Lyons，Smith 和 Brown（2004a）的各

种支持性和反对性的论文。

15. Starkovich 和 Conrad（2015）评估了舍宁根（Schöningen）遗址动物群遗骸的组成，发现其中包含梅氏犀。该遗址的年龄在 38 万～40 万年，这表明犀牛狩猎活动持续了很长一段时期，猎人包括智人以外的其他人种。
16. 见 Faith 和 Surovell（2009）。
17. 但阿拉斯加内陆地区有猛犸象和马继续存活了一段时间的证据，见 Haile 等人（2009）。
18. 见 Frison（1998）。对人种志中“群”这一概念感兴趣的读者，推荐阅读 Ingold（1999）的论述。
19. 人类学家和考古学家有时会区分觅食者与采集者在狩猎–采集活动中的不同策略。从本质上讲，觅食者总在移动，哪里有资源可用就到哪里去。采集者则派出专门的团队寻找和获取目标资源，然后将资源带回到一个较为固定的营地。因此，采集者而不是觅食者拥有获取过剩猎物的能力（见 Bettinger，1987）。考虑到晚更新世的北美洲栖息着大量的巨型食草动物，我们可以合理地推测，有些远古猎人群体变成了采集者。但这个推测仅适用于“正常”狩猎和食腐，马丁“艏波”假说下的无限狩猎完全是另一回事。如果北美洲远古猎人主要在家族营地收集、储存和分配资源，那就更难解释他们如何能同时在多地施加影响，致使物种灭绝、无法恢复。
20. 见 Gowdy（1999）。可在 Ember（2014）找到一篇有关狩猎–采集者人种志及近期相关文献的专题介绍。
21. 见 Stuart（1986）；DelGiudice（1998）。
22. Kruuk（1972，233）。
23. 见 Short，Kinnear 和 Robley（2002）。

第 10 章　更多质疑：遗传基因的背叛？

1. 见 Millener（1988）。
2. 见 Martin（1973；2005，ch. 10）。
3. Martin（1973，970）。
4. 见 MacPhee 和 Marx（1997）。
5. 见 Nowak（1999，2：1008ff）。
6. 育空古生物学家格兰特·扎祖拉注意到种群崩溃过程中物种为保留或恢复栖息范围可能遇到的困难。在距今 1.5 万年和新仙女木期的开端（1.29 万年前）之间，大多数时候都比较温暖。当冰盖开始后退时，美洲乳齿象、杰氏巨爪地懒和西部驼按理说有能力像在末次间冰期所做的那样返回遥远的北方。例如，在冰期之后迅速形成的加拿大北方森林本该成为乳齿象的主要领地，让它们重新占据之前被冰川覆盖的北美洲高纬度部分地区。然而，不论是乳齿象还是其他曾在往次间冰期涌向北方的大型哺乳动物似乎都没有这么做，我们没有找到支持这种假设的证据。它们是不是已经所剩无几以至于无法恢复了呢？见 Zazula 等人（2014，2017）。

7. 见 Quammen（1996）。
8. Balouet 和 Alibert（1990，79）。
9. 见 Darwin（1839，194）。尽管有些早期的说法认为福克兰群岛狼有攻击能力，但大多数一手资料都与达尔文的描述相似。
10. 见 Sanchez-Villagra，Geiger 和 Schneider（2016）。
11. 此类例子见 van der Geer 等人（2016；另见个人通信）。例如，塞浦路斯矮象只有 200 千克重，肩高 1.4 米。马耳他的福氏矮象可能更小，体重只有 100 千克，肩高 0.9 米，相当于其可能的祖先直牙象（已知最大的象种）体重的 2%。
12. 对于“快速”生长假说，见 Raia，Barbera 和 Conte（2003）。

第 11 章　其他假说：探索无止歇

1. Darwin（1839，94）。
2. 达尔文笔记 B 卷（关于种变说），见 http://darwin-online.org.uk/content/frameset?keywords=cul%2odari2i&pageseq=i&itemID=CUL-DARi2i.-&viewtype=side。又见 https://en.wikipedia. org/wiki/Inception_of_Darwin’s_theory。
3. 见 Segura，Fariña 和 Arim（2016）。
4. 在 20 世纪 70 年代初，肯尼亚察沃（Tsavo）地区的大象面临长期干旱和饥饿。它们不再吃腐肉，而是撕树皮吃，以获取树皮里的微量营养。雌象和小象的情况最糟糕，因为它们一般会待在原地。雄象的情况好一些，因为它们可以迁移到受影响较小的地区。最后的结果是大象成群地死去。在 4 年的时间里，察沃种群损失了 25% 的个体（见 Corfield，1973）。同位素调查表明，在中更新世和晚更新世，多个亚欧巨型动物物种在食物和栖息地上的灵活性更大，而不是更小。这种灵活性是否在近时期减退则需要进一步研究（见 Pushkina，Bocherens 和 Ziegler，2014）。

5. 见 Whitney-Smith（2009）。
6. 见 MacPhee 和 Marx（1997）。
7. 例如，在袋獾中传播的传染性面部肿瘤和感染全球两栖动物的壶菌。见 MacPhee 和 Greenwood（2013）。
8. 见 Lyons 等人（2004b）。
9. 见 Wyatt 等人（2008）。人们一直怀疑，袋狮（或袋虎）的最终灭绝可能也是由于遗传适应性的降低以及由此引起的疾病易感性（见 Macphee 和 Marx，1997）。见 Mao（2017）。
10. 见 Firestone 等人（2007）；Kennett 等人（2015）；Hagstrum 等人（2017）。
11. 见 Kennett 等人（2015）。
12. 见 Mahaney 等人（2011）。
13. 空中爆炸（不大可能发生）假说被重新提出并加以扩展，旨在解释为什么白令海淤泥沉积物中的尸体、骨头甚至树木被“过度损坏”，仿佛被弹片炸碎一样（见 Hagstrum 等人，2017）。
14. 见 Leydet 等人（2018）。
15. 见 Cooper 等人（2015，606）；另见 Metcalf 等人（2016）。在南美洲，始于 1.26 万年前的温暖期一直持续到全新世早期。由于许多巴塔哥尼亚巨型动物的末次出现时间集中在约 1.23 万年前，因此这些作者指出，最终灭绝发生在南美洲最南端变暖几百年后的某个时间点。当时，对寒冷气候已发展出适应的种群受迫于气候变暖和植被变化（比如森林扩张、草原收缩）。他们认为，人类的到来是压垮这些物种的最后一根稻草（这是我们很熟悉的一种情境）。人类出现后，情况急转直下，巨型动物的种群规模一减再减，终至不可恢复。认为巨型动物种群规模随气候变化规律性起伏的状态可能被人类打乱并带来灾难性影响，这是一个很有趣的假设，但时间仍然是关键问题。例如，人类早在 1.45 万年前（或许还要早得多）就出现在南美洲南部智利的蒙特沃德遗址（见第 5 章）。那时，南美洲的温带地区可能正处于一个极寒期，即所谓的南极反转变冷。如果当时人类就猎杀巨型动物，那为什么环境变化和人类施加的迫害要等上 2 000 年，进入温暖期后才合力产生致命的影响呢？

第 12 章　物种灭绝事关重大

1. 见 Braje 等人（2017）。
2. Kolbert（2014）很好地叙述了当前灭绝危机的根源和潜在结果。
3. 见 Compos 等人（2010）。

4. 见 Slavenko 等人（2016）。
5. 见 Brook 和 Bowman（2002）；Brook 等人（2013）。
6. 见 Marshall 等人（2015）最近对气候变化和人类影响的不同作用的量化评价。这些作者强调，要明确区分不同驱动因素对物种灭绝的贡献，我们唯一需要的数据是准确的人类到达时间（首次生物接触时间）。
7. 见 Naish（2009）。另见 Worthy 和 Holdaway（2002）。

后记　这些巨型动物能复活吗?

1. 我参与了其中三期节目的制作：《猛犸象之乡》（*Land of the Mammoth*，2001）、《是什么杀死了巨兽》（*What Killed the Megabeasts*，2002）和《小猛犸象》（*The Baby Mammoth*，2007）。
2. 如需了解当前有哪些复活灭绝物种的努力（不限于猛犸象），见 Shapiro（2016）。
3. 乔治·丘奇、我和其他人在 2017 年阿西莫夫纪念辩论会（2017 Isaac Asimov Memorial Debate）上讨论过"复活灭绝物种"的可能性以及存在的问题，见 https://www.youtube.com/watch?v=_LnAtMeSVeY。
4. 成功获取旅鸽基因组的成果已于最近公布，见 Murray 等人（2017）。
5. 见 Powell（2016）。
6. 这里有多种可能，有一种观点认为，基因改造可以拯救物种，见 Thomas 等人（2013）。
7. 见 Martin（2005，ch. 10）。
8. 见 Zimov 等人（1995）；Zimov（2005）。更新世公园（Pleistocene Park）网站上有一部讲述齐莫夫这一设想的优秀纪录片（http://www.pleistocenepark.ru/en/）。

参考书目

Agassiz, L. 1866. *Geological Sketches*. Boston: Ticknor & Fields.

Alcover, J. A., B. Seguí, and P. Bover. 1999. "Extinctions and Local Disappearances of Vertebrates in the Western Mediterranean Islands." Pp. 165-88 in *Extinctions in Near Time: Causes, Contexts, and Consequences*, edited by R. D. E. MacPhee. New York: Kluwer Academic/Plenum.

Allentoft, M. E., R. Heller, C. L. Oskam, E. D. Lorenzen, M. L. Hale, M. T. P. Gilbert, C. Jacomb, R. N. Holdaway, and M. Bunce. 2014. "Extinct New Zealand Megafauna Were Not in Decline Before Human Colonization." *Proceedings of the National Academy of Sciences* 111:4922-27. doi:10.1073/pnas.1314972111.

Alroy, J. 1999. "Putting North America's End-Pleistocene Megafaunal Extinction in Context: Large-Scale Analyses of Spatial Patterns, Extinction Rates, and Size Distributions." Pp. 105-43 in *Extinctions in Near Time: Causes, Contexts, and Consequences*, edited by R. D. E. MacPhee. New York: Kluwer Academic/Plenum.

------. 2001. "A Multispecies Overkill Simulation of the End-Pleistocene Megafaunal Mass Extinction." *Science* 292:1893-97.

Anderson, A., B. Allingham, and I. Smith, eds. 1996. *Shag River Mouth: The Archaeology of an Early Southern Maori Village. Research Papers in Archaeology and Natural History* 27. Canberra: Australian National University.

Anderson, A., T. H. Worthy, and R. McGovern-Wilson. 1996. "Moa Remains and Taphonomy." Pp. 200-213 in *Shag River Mouth: The Archaeology of an Early Southem Maori Village. Research Papers in Archaeology and Natural History* 27, edited by A. Anderson, B. Allingham, and I. Smith. Canberra: Australian National University.

Audubon, J. J. 1832. *Ornithological Biography, or an Account of the Habits of the Birds of the United States of America*. Philadelphia: Carey and Hart.

Bae, C. J., K. Douka, and M. D. Petraglia. 2017. "On the Origin of Modern Humans: Asian Perspectives." *Science* 358:eaai9067. doi:10.1126/science.aa9067.

Bahn, P., and J. Vertut. 1997. *Journey Through the Ice Age*. Berkeley: University of California Press.

Balouet, J.-C., and E. Alibert. 1990. *Extinct Species of the World*. New York: Barron's.

Barnosky, A. D., and E. L. Lindsey. 2010. "Timing of Quaternary Megafaunal Extinction in South America in Relation to Human Arrival and Climate Change." *Quaternary International* 217:10-29. doi:10.1016/j.quaint.2009.11.017.

Barnosky, A. D., N. Matzke, S. Tomiya, G. Wogan, B. Swartz, T. B. Quental, C. Marshall, J.L. McGuire, E.L. Lindsey, K. C. Maguire, B. Mersey, and E. A. Ferrer. 2011. "Has the Earth's Sixth Mass Extinction Already Arrived?" *Nature* 471:51-57. doi:10.1038/nature09678.

Bettinger, R. 1987. "Archaeological Approaches to Hunter-Gatherers." *Annual Review of Anthropology* 16:121-42.

Bobo, K. S., T. O. W. Kamgaing, E. C. Kamdoum, and Z. C. B. Dzefack. 2015. "Bushmeat Hunting in

Southeastern Cameroon: Magnitude and Impact on Duikers (*Cephalophus* spp.)." *African Study Monographs*, Supplement 51:119-41. doi:10.14989/197202.

Borrero, L. A. 2009. "The Elusive Evidence: The Archaeological Record of the South American Extinct Megafauna." Pp. 145-68 in *American Megafaunal Extinctions at the End of the Pleistocene*, edited by G. Haynes. Dordrecht, Neth.: Springer Verlag.

Bourgeon L., A. Burke, and T. Higham. 2017. "Earliest Human Presence in North America Dated to the Last Glacial Maximum: New Radiocarbon Dates from Blueflsh Caves, Canada." *PLoS ONE* 12 (1): e0169486. doi:10.1371/journal.pone.0169486.

Bradley, B., and D. Stanford. 2004. "The North Atlantic Ice-Edge Corridor: A Possible Palaeolithic Route to the New World." *World Archaeology*. doi:10.1080/0043824042000303656.

Braje, T. J., T. D. Dillehay, J. M. Erlandson, R. G. Klein, T. C. Rick. 2017. "Finding the First Americans." *Science* 358:592-94. doi:10.1126/science.aao5473.

Brook, B. W., and D. M. J. Bowman. 2002. "Explaining the Pleistocene Megafaunal Extinctions: Models, Chronologies, and Assumptions." *Proceedings of the National Academy* of Sciences 99:14624-27.

Brook, B. W., C. J. A. Bradshaw, A. Cooper, C. N. Johnson, T. H. Worthy, M. Bird, R. Gillespie, and R. G. Roberts. 2013. "Lack of Chronological Support for Stepwise Prehuman Extinctions of Australian Megafauna." *Proceedings of the National Academy of Sciences* 110:E3368. doi:10.1073/pnas.1309226110.

Buckland, W. 1824. "Reliquaediluviane" *: Observations on the Organic Remains Contained in Caves, Fissures, and Diluvial Gravel, and on Other Geological Phenomena, Attesting the Action of an Universal Deluge*, 2nd ed. London: John Murray.

------. 1831. "On the Occurrence of the Remains of Elephants, and Other Quadrupeds, in the Cliffs of Frozen Mud, in Eschscholtz Bay, Within Beering's Strait, and in Other Distant Parts of the Shores of the Arctic Seas." Pp. 593-612 in *Narrative of a Voyage to the Pacific and Beering's Strait to Cooperate with the Polar Expeditions, Performed in His Majesty's Ship Blossom, under the Command of Captain F. W. Beechey, R.N....in the Years 1825,26,27,28*, Part II, by F. W. Beechey. London: Henry Colburn and Richard Bentley.

Burney, D. A. 1993. "Late Holocene Environmental Changes in Arid Southwestern Madagascar." *Quaternary Research* 40:98-106.

-----. 1999. "Rates, Patterns and Processes of Landscape Transformation and Extinction in Madagascar." Pp. 145-64 in *Extinctions in Near Time: Causes, Contexts, and Consequences*, edited by R. D. E. MacPhee. New York: Kluwer Academic/Plenum.

Burney, D. A., G. S. Robinson, and L. P. Burney. 2003. "*Sporormiella* and the Late Holocene Extinctions in Madagascar." *Proceedings of the National Academy of Sciences* 100:10800-10805. doi:10.1073/pnas.1534700100.

Campos, P. F., E. Willerslev, A. V. Sher, L. Orlando, E. Axelsson, A. N. Tikhonov, K. Aris-Sørensen,A. D. Greenwood, R.-D. Kahlke, P. Kosintsev, et al. 2010. "Ancient DNA Analyses Exclude Humansas the Driving Force Behind Late Pleistocene Musk Ox." *Proceedings of the National Academy of Science* 107:5675-80. doi:10.1073/pnas.0907189107.

Carleton, M. D., and S. L. Olson. 1999. "Amerigo Vespucci and the Rat of Fernando de Noronha: A New Genus and Species of Rodentia (Muridae, Sigmodontinae) from a Volcanic Island off Brazil's Continental Shelf." *American Museum Novitates* 3256:1-59.

Cartmill, M. 1993. *A View to a Death in the Morning:Hunting and Nature Through History*. Cambridge: Harvard University Press.

Chatters, J. C., D. J. Kennett, Y. Asmerom, B. M. Kemp, V. Polyak, A. Nava Blank, P. A. Beddows, E. Reinhardt, J. Arroyo-Cabrales, D. A. Bolnick, et al. 2014. "Late Pleistocene Human Skeleton and mtDNA Link Paleoamericans and Modern Native Americans." *Science* 344:750-54. doi:10.1126/science.1252619.

Clarkson, C., Z. Jacobs, B. Marwick, R. Fullagar, L. Wallis, M. Smith, R. G. Roberts, E. Hayes, K. Lowe, X. Carah, et al. 2017. "Human Occupation of Northern Australia by 65,000 Years Ago." *Nature* 547:30610. doi:10.1038/nature22968.

Cooke, S., L. M. Dávalos, A. M. Mychajliw, S. T. Turvey, and N. S. Upham. 2017. "Anthropogenic Extinction Dominates Holocene Declines of West Indian Mammals." *Annual Review of Ecology, Evolution, and Systematics* 48:301-27. doi:10.1146/annrev-ecolsys-110316-022754.

Cooper, A., C. Turney, K. A. Hughen, B. W. Brook, H. G. McDonald, and C. J. A. Bradshaw. 2015. "Abrupt Warming Events Drove Late Pleistocene Holarctic Megafaunal Turnover." *Science* 349:602-6. doi:10.1126/science.aac4315.

Corfield, T. F. 1973. "Elephant Mortality in Tsavo National Park, Kenya." *East African Wildlife Journal* 11:339-68.

Cosgrove, R., J. Field, J. Garvey, J. Brenner-Coltrain, A. Goede, B. Charles, S. Wroe, A. Pike-Tay, R. Grun,M. Aubert, et al. 2010. "Overdone Overkill—The Archaeological Perspective on Tasmanian Megafaunal Extinctions." *Journal of Archaeological Science* 37:2486-503.

Cosgrove, R. and J. Garvey. 2017. "Behavioural Inferences from Late Pleistocene Aboriginal Australia:Seasonality, Butchery, and Nutrition in Southwest Tasmania." In*The Oxford Handbook of Zooarchaeology*, edited by U. Albarella, M. Rizzetto, H. Russ, K. Vickers, and S. Viner-Daniels. Oxford,Eng.: Oxford University Press. doi:10.1093/oxfordhb/9780199686476.013.49.

Croft, D. A. 2016. *Homed Armadillos and Rafting Monkeys: The Fascinating Fossil Mammals of South America*. Bloomington: University of Indiana Press.

Cuvier, G. 1829. *A Discourse on the Revolutions of the Surface of the Globe, and the Changes Thereby Produced in the Animal Kingdom*. London: Whittaker, Treacher, and Arnot.

Cuvier, G., and A. Brongniart. 1822. *Description géologique des Environs de Paris*. Paris: G. Dufour et E.D' Ocagne.

Darwin, C. R. 1839. *Journal of Researches into the Geology and Natural History of the Various Countries Visited by H.M.S.* Beagle*: Under the Command of Captain FitzRoy, R.N. from 1832 to 1836*. London:Henry Colburn.

DelGiudice, G. D. 1998. "Surplus Killing of White-Tailed Deer by Wolves in North central Minnesota." *Journal of Mammalogy* 79:227-35.

Dewar, R. E., C. Radimilahy, H. T. Wright, Z. Jacobs, G. O. Kelly, and F. Bernag. 2013. "Stone Tools and Foraging in Northern Madagascar Challenge Holocene Extinction Models." *Proceedings of the National Academy of Sciences* 110:12583-88. doi:10.1073/pnas.1306100110.

Diamond, J. M. 1984. "Historical Extinctions: A Rosetta Stone for Understanding Prehistoric Extinctions." Pp. 824-62 in *Quaternary Extinctions: A Prehistoric Revolution*, edited by P. S. Martin and R. G. Klein.Tucson: University of Arizona Press.

Digby, B. 1926. *The Mammoth and Mammoth-Hunting in North-East Siberia*. London: H.F. &G. Witherby.

Dillehay, T. D., C. Ocampo, J. Saavedra, A. OlivieraSawakuchi, R. M. Vega, M. Pino, M. B. Collins, L. C. Cummings, I. Arregui, X. S. Villagran, et al. 2015. "New Archaeological Evidence for an Early Human Presence at Monte Verde, Chile." *PLoS ONE* 10 (11): e0141923. doi:10.1371/joumal.pone.0141923.

Dugatkin, L. A. 2009. *Mr. Jefferson and the Giant Moose: Natural History in Early America*. Chicago: University of Chicago Press.

Ehlers, J., P. D Hughes, andP. L. Gibbard. 2016. *The Ice Age*. New York: John Wiley & Sons.

Ember, C. R. 2014. "Hunter-Gatherers." In *Explaining Human Culture: Human Relations Area Files*, edited by C. R. Ember. http://hraf.yale.edu/ehc/summaries/hunter-gatherers.

Enk J., R. Debruyne, A. Devault, C. E. King, T. R. Terangen, D. O'Rourke, S. Salzburg, D. Fisher, R. D. E.

MacPhee, and H. Poinar. 2011. "Complete Columbian Mammoth Mitogenome Suggests Interbreeding with Woolly Mammoths." *Genome Biology* 12:R51. doi:10.1186/gb-2011-12-5-r51.

Enk, J., A. Devault, C. Widga, J. Saunders, P. Szpak, J. Southon, J.-M. Rouillard, R. Shapiro, G. R. Golding, G. Zazula, et al. 2016. "*Mammuthus* Population Dynamics in Late Pleistocene North America: Divergence, Phylogeography, and Introgression." *Frontiers in Ecology and Evolution*. doi:10.3389/fevo.2016.00042.

Faith, T. J., and T. A. Surovell. 2009. "Synchronous Extinction of North America's Pleistocene Mammals." *Proceedings of the National Academy of Sciences* 106:20641-45. doi:10.1073/pnas.0908153106.

Fariña, R. A., P. S. Tambusso, L. Varela, A. Czerwonogora, M. Di Giacomo, M. Musso, R. Rracco, and A. Gascue. 2013. "Arroyo del Vizcaino, Uruguay: A Fossil-Rich 30-ka-Old Megafaunal Locality with Cut-Marked Bones." *Proceedings of the Royal Socieiy* B281:20132211. doi:10.1098/rspb.2013.2211.

Feranec, R. S., N. A. Miller, J. C. Lothrop, and R. Graham. 2011. "The *Sporormiella* Proxy and End-Pleistocene Megafaunal Extinction: A Perspective." *Quaternary International* 245:333-38. doi:10.1016/j.quaint.2011.06.004.

Fiedel, S. 2009. "Sudden Deaths: The Chronology of Terminal Pleistocene Megafaunal Extinctions." Pp. 21-38 in *American Megafaunal Extinctions at the End of the Pleistocene*, edited by G. Haynes. Dordrecht, Neth.: Springer Verlag.

Figuier, L. 1866. *The WorldBefore the Deluge*. New York: D. Appleton.

Firestone R. B., A. West, J. P. Kennett, L. Becker, T. E. Bunch, Z. S. Revay, P. H. Schultz, T. Belgya, D. J. Kennett, J. M. Erlandson, et al. 2007. "Evidence for an Extraterrestrial Impact 12,900 Years Ago That Contributed to the Megafaunal Extinctions and the Younger Dryas Cooling." *Proceedings of the National Academy of Sciences* 104:16016-21. doi:10.1073/pnas.0706977104.

Flannery, T. 1995. *The Future Eaters*. New York: George Braziller.

Flannery, T., and P. Schouten. 2001. *A Gap in Nature: Discovering the World's Extinct Animals*. Melbourne, Aust.: Text Publishing.

Frison, G. C. 1998. "Paleoindian Large Mammal Hunters on the Plains of North America." *Proceedings of the National Academy of Sciences* 95:14576-83. doi:10.1073/pnas.95.24.14576.

Fuller, E. 2000. *Extinct Birds*. Oxford, Eng.: Oxford University Press.

Funder, S., O. Bennike, J. Bocher, C. Israelson, K. S. Petersen, and L. A. Simonarson. 2001. "Late Pliocene Greenland—The Kap Kobenhavn Formation in Greenland." *Bulletin of the Geological Society of Denmark* 48:117-34.

Godfrey, L. R., and W. L. Jungers. 2003. "The Extinct Sloth Lemurs of Madagascar." *Evolutionary Anthropology*12:252-63.

Goodman, S. M., and W. L. Jungers. 2014. *Extinct Madagascar, Picturing the Island's Past*. Chicago: University of Chicago Press.

Gowdy, J. 1999. "Hunter-Gatherers and the Mythology of the Market." Pp. 391-98 in *The Cambridge Encyclopedia of Hunters and Gatherers*, edited by R. B. Lee and R. Daly. Cambridge, Eng.: Cambridge University Press.

Graham, R. W. 1985. "Response of Mammalian Communities to Environmental Changes During the Late Quaternary." Pp. 300-313 in *Community Ecology*, edited by J. Diamond and T. J. Chase. New York: Harper and Row.

Graham, R. W., and E. L. Lundelius. 1984. "Coevolutionary Disequilibrium and Pleistocene Extinctions." Pp. 243-49 in *Quaternary Extinctions:A Prehistoric Revolution*, edited by P. S. Martin and R. G. Klein. Tucson: University of Arizona Press.

Gramling, C. 2016. "The 'Hobbit' Was a Separate Species of Human, New Dating Reveals." http://www.sciencemag.org/news/2016/03/hobbit-was-separate-species-human-new-dating-reveals.doi:10.1126/science.aaf9853.

Grayson, D. K. 1984. "Nineteenth-Century Explanations of Pleistocene Extinctions: AReview and Analysis." Pp. 5-39 in *Quaternary Extinctions: A Prehistoric Revolution*, edited by P. S. Martin and R. G. Klein. Tucson:

University of Arizona Press.

Grayson, D. K., and D. J. Meltzer. 2003. "A Requiem for North American Overkill." *Journal of Archaeological Sciences* 30:585-93. doi:10.1016/S0305-4403(02)00205-4.

------. 2015. "Revisiting Paleoindian Exploitation of Extinct North American Mammals." *Journal of Archaeological Science* 56:177-93. doi:10.1016/j.jas.2015.02.009.

Guilday, J. E. 1967. "Differential Extinction During Late-Pleistocene and Recent Times." Pp. 12140 in *Pleistocene Extinctions: The Search for a Cause*, edited by P. S. Martin and H. E. Wright. New Haven: Yale University Press.

Guthrie, R. D. 1984. "Mosaics, Allelochemicals and Nutrients: An Ecological Theory of Late Pleistocene Megafaunal Extinctions." Pp. 259-98 in *Quaternary Extinctions: A Prehistoric Revolution*, edited by P. S. Martin and R. G. Klein. Tucson: University of Arizona Press.

-----. 2005. *The Nature of Paleolithic Art*. Chicago: University of Chicago Press.

Haas, R., I. C. Stefanescu, A. Garcia-Putnam, M. S. Aldenderfer, M. T. Clementz, M. S. Murphy, C. Viviano Llave, and J. T. Watson 2017. "Humans Permanently Occupied the Andean Highlands by at Least 7 ka." *Royal Society Open Science* 4(6):170331. doi:10.1098/rsos.170331.

Hagstrum, J., R. R. Firestone, A. West, J. C. Weaver, and T. E. Bunch. 2017. "Impact-Related Microspherules in Late Pleistocene Alaskan and Yukon 'Muck' Deposits Signify Recurrent Episodes of Catastrophic Emplacement." *Scientific Reports* 7:16620. doi:10.1038/s41598-017-16958-2.

Haile, J., D. Froese, R. D. E. MacPhee, R. G. Roberts, L J. Arnold, A. V. Reyes, M. Rasmussen, R. Nielsen, B. W. Brook, S. Robinson, et al. 2009. "Ancient DNA Reveals Late Survival of Mammoth and Horse in Interior Alaska." *Proceedings of the National Academy of Sciences* 106:22353-57. doi.10.1073/pnas.0912510106.

Halligan, J. J., M. R. Waters, and A. Perrotti. 2016. "Pre-Clovis Occupation 14,550 Years Ago at the Page-Ladson Site, Florida, and the Peopling of the Americas." *Science Advances* 2 (5): e1600375. doi:10.1126/sciadv.1600375.

Haynes, G. 2002. "The Catastrophic Extinction of North American Mammoths and Mastodonts," *World Archaeology*33:391-416. doi:10.1080/00438240120107440.

------. 2009a. "Estimates of Clovis-Era Megafaunal Populations and Their Extinction Risks." Pp. 39-53 in *American Megafaunal Extinctions at the End of the Pleistocene*, edited by G. Haynes. Dordrecht, Neth.: Springer Verlag.

------, ed. 2009b. *American Megafaunal Extinctions at the End of the Pleistocene*. Dordrecht, Neth.:Springer Verlag.

Heintzman, P. D., D. Froese, J. W. Ives, A. E. R. Soares, G. D. Zazula, B. Letts, T. D. Andrews, J. C. Driver, E. Hall, P. G. Hare, et al. 2016. "Bison Phylogeography Constrains Dispersal and Viability of the Ice Free Corridor in Western Canada." *Proceedings of the National Academy of Sciences* 113:8057-63. doi:10.1073/pnas.1601077113.

Hiscock, O. 2008. *Archaeology of Ancient Australia*. New York: Routledge.

Holdaway, R. N., M. E. Allentoft, C. Jacomb, C. L. Oskam. N. R. Beavan, andM. Bunce. 2014. "An Extremely Low-Density Human Population Exterminated New Zealand Moa." *Nature Communications* 5:5436. doi:10.1038/ncomms6436.

Holder, C. F. 1886. *The Ivory King: A Popular History of the Elephant and Its Allies*. New York: Scribner's Sons

Holen, S. R., T. A. Deméré, D. C. Fisher, R. Fullagar, J. R. Paces, G. T. Jefferson, J. M. Reeton, R. A. Cerutti, A. N. Rountrey, L. Vescera, and K. A. Holen. 2017. "A 130,000-Year-Old Archaeological Site in Southern California, USA." *Nature* 544:479-83. doi:10.1038/nature22065.

Holliday, V. T. 2015. "Problematic Dating of Claimed Younger Dryas Roundary Impact Proxies." *Proceedings of the National Academy of Sciences*. doi:10.1073/pnas.1518945112.

Horan, R. D., J. F. Shogren, and E. Rulte. 2003. "A Paleoeconomic Theory of Co-evolution and Extinction of Domesticable Animals." *Scottish Journal of Political Economy* 50:131-48. doi:10.1111/1467-9485.5002002.

Hublin, J-J., A. Ren-Ncer, S. E. Bailey, S. E. Freidline, S. Neubauer, M. M. Skinner, I. Bergmann, A. Le Cabec, S. Benazzi, K. Harvati, and P. Gunz. 2017. "New Fossils from Jebel Irhoud, Morocco and the Pan-African Origin of *Homo sapiens*." *Nature* 546:289-92. doi:10.1038/nature22336.

Humbert, H. 1927. "La destruction d'une flore insulaire par le feu: Principaux aspects de la végétation à Madagascar." *Mémoires de L'Academie Malgache* 5:1-80.

Hyslop, J., ed. 1988. *Travels and Archaeology in South Chile by Junius B Bird, with Journal Segments by Margaret Bird*. Iowa City: Iowa University Press.

Ingold, T. 1.1999. "On the Social Relations of the Hunter-Gatherer Band." Pp. 399-410 in *The Cambridge Encyclopedia of Hunters and Gatherers*, edited by R. B. Lee and R. Daly. Cambridge, Eng.: Cambridge University Press.

Jablonski, D. 2001. "Lessons from the Past: Evolutionary Impacts of Mass Extinctions." *Proceedings of the National Academy of Sciences* 98:5393-98. doi:10.1073ypnas.101092598.

Johnson, C. N. 2002. "Determinants of Loss of Mammal Species During the Late Quaternary 'Megafaunal' Extinctions: Life History and Ecology, but Not Rody Size." *Proceedings of the Royal Society of London* B269:2221-22.

------. 2006. *Australia's Mammal Extinctions: A 50,000 Year History*. Cambridge, Eng.: Cambridge University Press.

------. 2009. "Ecological Consequences of Late Quaternary Extinctions of Megafauna." *Proceedings of the Royal Society of London* B276:2509-19. doi:10.1098/rspb.20o8.1921.

Kelly, B. L. and M. M. Prasciunas. 2007. "Did the Ancestors of Native Americans Cause Animal Extinctions in Late-Pleistocene North America? And Does It Matter If They Did?" Pp. 95-122 in *Native Americans and the Environment: Perspectives on the Ecological Indian*, edited by M. E. Harkin and D. R. Lewis. Lincoln: University of Nebraska Press.

Kennett, J. P., D. J. Kennett, B. J. Culleton, J. E. Aura Tortosa, J. L. Bischoff, T. E. Bunch, I. R. Daniel, J. M. Erlandson, D. Ferraro, R. B. Firestone, et al. 2015. "Bayesian Chronological Analyses Consistentwith Synchronous Age of 12,835-12,735 cal B.P. for Younger Dryas Boundary on Four Continents." *Proceedings of the National Academy of Sciences* 112:E4344-E4353. doi:10.1073/pnas.150146112.

Kock, R. A., M. Orynbayev, S. Robinson, S. Zuther, N. J. Singh, W. Beauvais, E. R. Morgan, A. Kerimbayev, S.Khomenko, H. M. Martineau, et al. 2018. "Saigas on the Brink: Multidisciplinary Analysis of the Factors Influencing Mass Mortality Events." *Science Advances* 4 (1): eaao2314. doi:10.1126/sciadv.aao2314.

Kolbert, E. 2014. *The Sixth Extinction: An Unnatural History*.New York: Henry Holt.

Kruuk, H. 1972. "Surplus Killing by Carnivores." *Journal of Zoology* 166:233-44.

Lee, R. B., and R. Daly, eds. 1999. *The Cambridge Encyclopedia of Hunters and Gatherers*. Cambridge, Eng.: Cambridge University Press.

Leydet, D. J., A. E. Carlson, J. T. Teller, A. Breckenridge, A. M. Barth, D. J. Ullman, G. Sinclair, G. A. Milne, J. K. Cuzzone, and M. W. Caffee. 2018. "Opening of Glacial Lake Agassiz's Eastern Outlets by the Start of the Younger Dryas Cold Period." *Geology* 46:155-58. doi:10.1130/G39501.

Lister, A., and P. Bahn. 2015. *Mammoths: Giants of the Ice Age*, rev. ed. Edison, N.J.: Chartwell Books.

Llamas, B., L. Fehren-Schmitz, G. Valverde, J. Soubrier, S. Mallick, N. Rohland, S. Nordenfelt, C.Valdiosera, S. M. Richards, A. Rohrlach, et al. 2016. "Ancient Mitochondrial DNA Provides High-Resolution Time Scale of the Peopling of the Americas." *Science Advances* 2 (4):e1501385. doi:10.1126/sciadv.1501385.

Long, J. A., M. Archer, T. Flannery, and S. Hand. 2003 *Prehistoric Mammals of Australia and New Guinea:One Hundred Million Years of Evolution*. Baltimore: Johns Hopkins University Press.

Louys, J., D. Curnoe, and H. Tong. 2007. "Characteristics of Pleistocene Megafaunal Extinctions in Southeast Asia." *Palaeogeography, Palaeoclimatology, Palaeoecology* 243:152-73.

Lyell, C. 1866. *Geological Evidences for the Antiquity of Man*. London: John Murray.

Lyons, K., F. A. Smith, and J. H. Brown. 2004a. "Of Mice, Mastodons, and Men: Human Mediated Extinctions on Four Continents." *EvolutionaryEcologyResearch* 6:339-58.

Lyons, K., F. A. Smith, P. J. Wagner, E. P. White, and J. H. Brown. 2004b. "Of Mice, Mastodons, and Men:Human Mediated Extinctions on Four Continents." *Evolutionary Letters* 7:859-68. doi:10.11111/j.1461-0248.2004.00643.x.

MacDonald, F. 2016. "Study Proves the Explorers Club Didn't Really Eat Mammoth at 1950s New York Dinner." http://www.sciencealert.com/study-proves-the-explorers-club-didn-t-really-eat-mammoth-at-1950s-new-york-dinner.

MacPhee, R. D. E., ed. 1999. *Extinctions in Near Time: Causes, Contexts, and Consequences*. New York:Kluwer Academic/Plenum.

------. 2009. "*Insulae infortunatae*: Establishing a Chronology for Late Quaternary Mammal Extinctions in the West Indies." Pp. 169-94 in *American Megafaunal Extinctions at the End of the Pleistocene*, edited by G. Haynes. Dordrecht, Neth.: Springer Verlag.

MacPhee, R. D. E., and D. A. Burney. 1991. "Dating of Modified Femora of Extinct Dwarf *Hippopotamus* from Southern Madagascar: Implications for Constraining Human Colonization and Vertebrate Extinction Events." *Journal of Archaeological Science* 18:695-706.

MacPhee, R. D. E., and C. Flemming. 1999. "*Requiem aetemum*: The Last Five Hundred Years of Mammalian Species Extinctions." Pp. 333-71 in *Extinctions in Near Time: Causes, Contexts, and Consequences*, edited by R. D. E. MacPhee. New York: Kluwer Academic/Plenum.

MacPhee, R. D. E., and A. D. Greenwood. 2013 "Infectious Disease, Endangerment, and Extinction." *International Journal of Evolutionary Biology* 2013. doi:10.1155/2013/571939.

MacPhee, R. D. E., M. A. Iturralde-Vinent, and O. Jiménez-Vázquez. 2007. "Prehistoric Sloth Extinctions in Cuba: Implications of aNew 'Last' Appearance Date." *Caribbean Journal of Science* 41:94-98.

MacPhee, R. D. E., and P. A. Marx. 1997. "The 40,000-Year Plague: Humans, Hyperdisease, and First-Contact Extinctions." Pp. 169-217 in *Natural Change and Human Impact in Madagascar*, edited by S.Goodman and B. Patterson. Washington, D.C.: Smithsonian Institution Press.

MacPhee, R. D. E., A. N. Tikhonov, D. Mol, C. de Marliave, H. van der Plicht, A. D. Greenwood, C. Flemmming, and L. Agenbroad. 2002. "Radiocarbon Chronologies and Extinction Dynamics of the Late Quaternary Mammalian Megafauna of the Taimyr Peninsula, Russian Federation." *Journal of Archaeological Science* 29:1017-42.

Mahaney, W. C., D. H. Krinsley, V. Kalm, K. Langworthy, and J. Ditto. 2011. "Notes on the Black Mat Sedimment, Mucuñuque Catchment, Northern Mérida Andes, Venezuela." *Journal of Advanced Microscopy Research* 6:1-9.

Mao, F. 2017. "Tasmanian Tigers Were in Poor Genetic Health, Study Finds." http://www.bbc.com/news/world-australia-42318444.

Marlow, C. 2000. *The Ghosts of Evolution: Nonsensical Fruit, Missing Partners, and Other Ecological Anachronisms*. New York: Basic Books.

Marshall, C. R., E. L. Lindsey, N. A. Villavicencio, and A. D. Barnosky. 2015. "A Quantitative Model for Distinguishing Between Climate Change, Human Impact, and Their Synergistic Interaction as Drivers of the Late Quaternary Megafaunal Extinctions." Pp. 1-20 in *Earth-Life Transitions: Paleobiology in the Context of Earth System*

Evolution. The Paleontological Society Papers 21, edited by D. Polly J. J. Head, and D. L.Fox.

Martin, P. S. 1967. "Prehistoric Overkill." Pp. 75-120 in *Pleistocene Extinctions: The Search for a Cause*, edited by P. S. Martin and H. E. Wright. New Haven: Yale University Press.

------. 1973. "The Discovery of America." *Science* 179:969-74.

------. 1984. "Prehistoric Overkill: The Global Model." Pp. 354-403 in *Quaternary Extinctions: A Prehistoric Revolution*, edited by P. S. Martin and R. G. Klein, Tucson: University of Arizona Press.

------. 1990. "40,000 Years of Extinction on the 'Planet of Doom.' " *Palaeogeography, Palaeoclimatology,Palaeoecology* 82:187-201.

------. 2005. *Twilight of the Mammoths: Ice Age Extinctions and the Rewilding of America*. Berkeley: University of California Press.

Martin, P. S., and R. G. Klein, eds. 1984. *Quatemary Extinctions: A Prehistoric Revolution*. Tucson: University of Arizona Press.

Martin, P. S., and D. W. Steadman. 1999. "Prehistoric Extinctions on Islands and Continents." Pp. 17-55 in *Extinctions in Near Time: Causes, Contexts, and Consequences*, edited by R. D. E. MacPhee. New York: Kluwer Academic/Plenum.

Martin, P. S., and H. E. Wright, eds. 1967. *Pleistocene Extinctions: The Search for a Cause*. New Haven: Yale University Press.

Mayor, A. 2000. *The First Fossil Hunters: Paleontology in Greek and Roman Times*. Princeton, N. J.: Princeton University Press.

------. 2005. *Fossil Legends of the First Americans*. Princeton, N. J.: Princeton University Press.

McGlone, M. 2012. "The Hunters Did It." *Science* 335:1452-53. doi:10.1126/science.1220176.

Meltzer, D. J. 2010. *First People in a New World: Colonizing Ice Age America*. Berkeley: University of California Press.

------. 2015. "Pleistocene Overkill and North American Mammalian Extinctions." *Annual Review of Anthropology* 44:33-53. doi:10.1146/annurev-anthro-102214-013854.

Metcalf, J. L., C. Turney, R. Barnett, F. Martin, S. C. Bray, J. T. Vilstrup, L. Orlando, R. Salas-Gismondi, D. Loponte, M. Medina, et al. 2016. "Synergistic Roles of Climate Warming and Human Occupation in Patagonian Megafaunal Extinctions During the Last Deglaciation." *Science Advances* 2 (6):e1501682. doi:10.1126/sciadv.1501682.

Millener, P. R. 1988 "Contributions to New Zealand's Late Quaternary Avifauna. 1: *Pachyplichas*, a New Genus of Wren (Aves: Acanthisittidae), with Two New Species," *Journal of the Royal Society of New Zealand* 18:383-406. doi:10.1080/03036758.1988.10426464.

Mlot, C. 2017. "Two Wolves Survive in World's Longest Running Predator-Prey Study." *Science*, doi:10.1126/science.aal1061.

Montulé, E. 1821. *A Voyage to North America and the West Indies 1817*. London: Richard Phillips.

Mosimann, J. E., and P. S. Martin. 1975. "Simulating Overkill by Paleoindians." *American Scientist* 63:304-13.

Murray, G. G. R., A. E. R. Soares, B. J. Novak, N. K. Schaefer, J. A. Cahill, A. J. Baker, J. R. Demboski, A. Doll, R. R. Da Fonseca, T. L. Fulton, et al. 2017. "Natural Selection Shaped the Rise and Fall of Passenger Pigeon Genomic Diversity." *Science* 358:951-54. doi:10.1126/science.aao0960.

Naish, D. 2009. "The Small, Recently Extinct, Island-Dwelling Crocodilians of the South Pacific." http://scienceblogs.com/tetrapodzoology/2009/05/13/mekosuchines-2009/.

Naito, Y. I., M. Germonpré, Y. Chikaraishi, N. Ohkouchi, D. G. Drucker, K. A. Hobson, M. A. Edwards,C. Wissing, and H. Bocherens. 2016. "Evidence for Herbivorous Cave Bears (*Ursus spelaeus*) in Goyet Cave, Belgium: Implications for Palaeodietary Reconstruction of Fossil Bears Using Amino Acid δ^{15}N Approaches." *JOURNAL OF*

QUATERNARY SCIENCE 31:598-606. doi:10.1002/jqs.2883.

Nicholls, H. 2015. "Mysterious Die-Off Sparks Race to Save *Saiga* Antelope." *Nature*. doi:10.1038/nature.2015.17675.

Nogués-Bravo, D., J. Rodríguez, J. Hortal, P. Batra, and M. B. Araújo. 2008. "Climate Change, Humans, and the Extinction of the Woolly Mammoth." *PLoS Biology 6* (4): e79. doi:10.1371/journal.pbio.0060079.

Nowak, R. M. 1999. *Walker's Mammals of the World*, 6th ed., 2 vols. Baltimore: Johns Hopkins University Press.

Oppo, D. W., and W. B. Curry. 2012. "Deep Atlantic Circulation During the Last Glacial Maximum and Deglaciation." *Nature Education Knowledge* 3 (10). https://www.nature.com/scitable/knowledge/library/deep-atlantic-circulation-during-the-last-glacial-25858002.

Osborn, H. F. 1906. "The Causes of Extinction of Mammalia." *American Naturalist* 40:769-95, 829-59.

------. 1910. *The Age of Mammals in Europe,Asia, and North America*. New York: MacMillan.

Owen, R. 1844. "On *Dinornis*, an Extinct Genus of Tridactyle Struthious Birds, with Descriptions of Portions of the Skeleton of Five Species Which Formerly Existed in New Zealand." *Transactions of the Zoological Society of London* 3:235-75.

Owen-Smith, N. 1999. "The Interaction of Humans, Megaherbivores and Habitats in the Late Pleistocene Extinction Event." Pp. 57-69 in *Extinctions in Near Time: Causes, Contexts, and Consequences*, edited by R. D. E. MacPhee. New York: Kluwer Academic/Plenum.

Panagopoulou, E., V. Tourloukis, N. Thompson, A. Athanassiou, G. Tsartsidou, G. E. Konidaris, D. Giusti, P. Karkanas, and K. Harvati. 2015. "Marathousa 1:A New Middle Pleistocene Archaeological Site from Greece." *Antiquity* 89 (343). https://www.antiquity.ac.uk/projgall/panagopoulou343.

Pedersen, M. W., A. Ruter, C. Schweger, H. Friebe, R. A. Staff, K. K. Kjeldsen, M. L. Z. Mendoza, A. B. Beaudoin, C. Zutter, N. K. Larsen, et al. 2016. "Postglacial Viability and Colonization in North America's Ice-Free corridor." *Nature* 537:45-49. doi:10.1038/nature19085.

Pitulko, V. V., A. N. Tikhonov, E. Y. Pavlova, P. A. Nikolskiy, K. E. Kuper, and R. N. Polozov. 2016. "Early Human Presence in the Arctic: Evidence from 45,000-Year-Old Mammoth remains." *Science* 351:260-63. doi:10.1126/science.aad0554.

Politis, G., M. A. Gutiérrez, D. J. Rafuse, and A. Blasi. 2016. "The Arrival of *Homo sapiens* into the Southern Cone at 14,000 Years Ago." *PLoS ONE* 11 (9): e0162870. doi:10.1371/journal.pone.0162870.

Powell, W. 2016. "New Genetically Engineered American Chestnut Will Help Restore the Decimated,Iconic Tree." *The Conversation*. http://theconversation.com/new-genetically-engineered-american-chestnut-will-help-restore-the-decimated-iconic-tree-52191.

Prideaux, G., J. A. Long, L. K. Ayliffe, J. C. Hellstrom, B. Pillans, W. E. Boles, M. N. Hutchinson, R. G. Roberts, M. L. Cupper, L. J. Arnold, et al. 2007. "An Arid-Adapted Middle Pleistocene Vertebrate Fauna from South-Central Australia." *Nature* 445:422-25. doi:10.1038/nature05471.

Pushkina, D., H. Bocherens, and R. Ziegler. 2014. "Unexpected Palaeoecological Features of the Middle and Late Pleistocene Large Herbivores in Southwestern Germany Revealed by Stable Isotopic Abundances in Tooth Enamel." *Quaternary International* 339/340:164-78. doi:10.1016/j.quaint.2013.12.033.

Quammen, D. 1996. *The Song of the Dodo: Island Biogeography in an Age of Extinctions*. New York: Scribner.

-----, ed. 2008. *Charles Darwin: On the Origin of Species, the Illustrated Edition*. New York: Sterling.

Raia, P., C. Barbera, and M. Conte. 2003. "The Fast Life of a Dwarfed Giant." *Evolutionary Ecology*17:293-312.

Roberts, P., C. Hunt, M. Arroyo-Kalin, D. Evans, and N. Boivin. 2017. "The Deep Human Prehistory of Global Tropical Forests and Its Relevance for Modern Conservation." *Nature Plants* 3 (8):17093. doi:10.1038/nplants.2017.93.

Rodgers, R., and M. Slatkin. 2016. "Excess of Genomic Defects in a Woolly Mammoth on Wrangel Island." *PLoS Genetics* 13 (3): eioo66oi. doi:10/1371/journal.pgen.ioo66oi.

Romer, A. S. 1933. "Pleistocene Vertebrates and Their Bearing on the Problem of Human Antiquity in North America." Pp. 49-83 in *The American Aborigines, Their Origin and Antiquity*, edited by D. Jenness. Toronto: University of Toronto Press.

Rudwick, M. 1976. *The Meaning of Fossils: Episodes in the History of Palaeontology*, 2nd ed. Chicago: University of Chicago Press.

Rule, S., B. W. Brook, S. G. Haberle, C. S. M. Turney, A. P. Kershaw, and C.N. Johnson. 2012. "The Aftermath of Megafaunal Extinction: Ecosystem Transformation in Pleistocene Australia." *Science* 335:1483-86. doi:10.1126/science.1214261.

Russell, S. A. 1995. "The Pleistocene Extinctions: A Bedtime Story." *The Missouri Review* 18:30-39.

Saltré, F., C. Johnson, and C. Bradshaw. 2016. "Climate Change Not to Blame for Late Quaternary Megafauna Extinctions in Australia." *Nature Communications* 7:10511. doi:10.1038/ncomms10511.

Sánchez-Villagra, M., M. Geiger, and R. A. Schneider. 2016. "The Taming of the Neural Crest: A Developmental Perspective on the Origins of Morphological Co-variation in Domesticated Animals." *Royal Society Open Science* 3:160107. doi:10.1098/rsos.160107.

Sandom, C., S. Faurby, B. Sandel, and J.-C. Svenning. 2014. "Global Late Quaternary Megafauna Extinctions Linked to Humans, Not Climate Change." *Proceedings of the Royal Society* B281:20133254. doi:10.1098/rspb.2013.3254.

Segura, A. M., R. A. Fariña, and M. Arim. 2016. "Exceptional Body Sizes but Typical Trophic Structure in a Pleistocene Food Web." *Biology Letters* 12:20160228. doi:10.1098/rsbl.2016.0228.

Semonin, P. 2000. *American Monster: How the Nation's First Prehistoric Creature Became a Symbol of National Identity*. New York: New York University Press.

Shapiro, B. 2016. *How to Clone a Mammoth: The Science of De-Extinction*. Princeton, N. J.: Princeton University Press.

Short, J., J. E. Kinnear, and A. Robley. 2002. "Surplus Killing by Introduced Predators in Australia—Evidence for Ineffective Anti-Predator Adaptations in Native Prey Species?" *Biological Conservation* 103:283-301. pii:S0006-3207(01)00139-2.

Simmons, A. H. 1999.*Faunal Extinction in an Island Society*. New York: Kluwer Academic/Plenum.

Slavenko, A., O. J. S. Tallowin, Y. Itescu, P. Raia, and S. Mieri. 2016. "Late Quaternary Reptile Extinction: Size Matters, Insularity Dominates." *Global Ecology and Biogeography* 25:1308-20. doi:10.1111/geb.12491.

Starkovich, B. M., and N. J. Conrad. 2015. "Bone Taphonomy of the Schöningen 'Spear Horizon South' and Its Implications for Site Formation and Hominin Meat Provisioning." *Journal of Human Evolution* 89:154-71. doi:10.1016/j.jhevol.2015.09.015.

Steadman, D. W. 2006. *Extinction and Biogeography of Tropical Pacific Birds*. Chicago: University of Chicago Press.

Steadman, D. W., P. S. Martin, R. D. E. MacPhee, A. J. T. Jull, H. G. McDonald, C. A. Woods, M. A. Iturralde-Vinent, and G. Hodgkins. 2005. "Asynchronous Extinction of Late Quaternary Sloths on Continents and Islands." *Proceedings of the National Academy of Sciences* 102:11763-68. dobio.1073/pnas.0502777102.

Steadman, D. W., J. P. White, and J. Allen. 1999. "Prehistoric Birds from New Ireland, Papua New Guinea: Extinctions on aLarge Melanesian Island." *Proceedings of the National Academy of Sciences* 96:256368. doi:10.1073/pnas.96.5.2563.

Stuart, A. J. 1999. "Late Pleistocene Megafaunal Extinctions: A European Perspective." Pp. 257-69 in *Extinctions in Near Time: Causes, Contexts, and Consequences*, edited by R. D. E. MacPhee. New York: Kluwer

Academic/Plenum.

Stuart, C. T. 1986. "The Incidence of Surplus Killing by *Panthera pardus* and *Felis caracal* in Cape Province, South Africa." *Mammalia* 50:556-58.

Tennyson, A., and P. Martinson. 2006. *Extinct Birds of New Zealand*. Wellington, N.Z.: Te Papa Press.

Thomas, M. A., G. W. Roemer, C. J. Donlan, B. G. Dickson, M. Matocq, and J. Malaney. 2013. "Ecology: Gene Tweaking for Conservation." *Nature* 501:485-86. doi:10.1038/501485a.

Tilesius, W. G. 1815. "De skeleto mammonteo Sibirico ad maris glacialis littora anno 1897 [sic], effosso, cui praemissae Elephantini generis specierumdistinctiones." *Mémoires de l'Académie Impériale des Sciences de St. Pétersbourg* 5:406-514.

Turvey, S. T. 2009a. "In the Shadow of the Megafauna: Prehistoric Mammal and Bird Extinctions Across the Holocene." Pp. 17-39 in *Holocene Extinctions*, edited by S. T. Turvey. Oxford, Eng.: Oxford University Press.

-----, ed. 2009b. *Holocene Extinctions*. Oxford, Eng.: Oxford University Press.

Turvey, S. T., H. Tong, A. J. Stuart, and A. M. Lister. 2013. "Holocene Survival of Late Pleistocene Megafauna in China: A Critical Review of the Evidence." *Quaternary Science Reviews* 76:156-66. doi:10.1016/j.quascirev.2013.06.030.

Vågene, Å. J., A. Herbig, M. G. Campana, N. M. Robles Garcia, C. Warinner, S. Sabin, M. A. Spyrou, A. A. Valtueña, D. Huson, N. Tuross, et al. 2018. "*Salmonella enterica* Genomes from Victims of a Major Sixteenth-Century Epidemic in Mexico." *Nature, Ecology and Evolution*. doi:10.1038/s41559-017-0446-6.

Van den Bergh, G. D., B. Mubroto, F. Aziz, P. Sondaar, and J. de Vos. 1996a. "Did *Homo erectus* Reach the Island of Flores?" *Bulletin of the Indo-Pacific Prehistory Association* 14:27-36.

Van den Bergh, G. D., P. Sondaar, J. de Vos, and F. Aziz. 1996b. "The Proboscideans of the South-East Asian Islands." Pp. 240-48 in *The Proboscidea: Evolution, Palaeoecology of Elephants and Their Relatives*, edited by J. Shoshoni and P. Tassy. Oxford, Eng.: Oxford University Press.

Van der Geer, A. A. E., G. A. Lyras, J. De Vos, and M. Dermitzakis. 2010. *Evolution of Island Mammals: Adaptation and Extinction of Placental Mammals on Islands*. New York: John Wiley & Sons.

Van der Geer, A. A. E., G. A. Lyras, L. W. van den Hoek Ostende, J. de Vos, and H. Drinia. 2014. "A Dwarf Elephant and a Rock Mouse on Naxos (Cyclades, Greece) with a Revision of the Palaeozoogeography of the Cycladic Islands During the Pleistocene." *Palaeogeography, Palaeoclimatology, Palaeoecology* 404:133-44.

Van der Geer, A. A. E., G. D. van den Bergh, G. A. Lyras, U. W. Prasetyo, R. Due Awe, E. Setiyabudi, and H. Drinia. 2016. "The Effect of Area and Isolation on Insular Dwarf Proboscideans." *Journal of Biogeography* 43:1656-66.

Vartanyan, S. L., V. E. Garutt, and A. V. Sher. 1993. "Holocene Dwarf Mammoths from Wrangel Island in the Siberian Arctic." *Nature* 362:337-49. doi:10.1038/362337a0.

Veltre, D. W., D. R. Yesner, K. J. Crossen, R. W. Graham, and J. B. Coltrain. 2008. "Patterns of Faunal Extinction and Paleoclimatic Change from Mid-Holocene Mammoth and Polar Bear Remains, Pribilof Islands, Alaska." *Quaternary Research* 70:40-50. doi:10.1016/j.yqres.2008.03.006.

Virah-Sawmy, M., K. J. Willis, and L. Gillson. 2010. "Evidence for Drought and Forest Declines During the Recent Megafaunal Extinctions in Madagascar." *Journal of Biogeography* 37 (3):506-19. doi:10.1111/j.1365-2699.2009.02203.x.

Waguespack, N., and T. A. Surovell. 2003. "How Many Elephant Kills Are 14? Clovis Mammoth and Mastodon Kills in Context." *Quaternary International* 191:82-97. doi:10.1016/j.quaint.2007.12.001.

Waldren, A., and E. L. Layard. 1872. "On Birds Recently Observed or Obtained in the Island of Negros, Philippines." *The Ibis*, 3rd ser., 2:93-107.

Wallace, A. R. 1876. *The Geographical Distribution of Animals, with a Study of the Relations of Living and*

Extinct Faunas as Elucidating the Past Changes of the Earth's Surface. New York: Harper & Brothers.

Waterhouse, G. R. 1839. "Part II. Mammalia, with a Notice of Their Habits and Ranges by C. Darwin." Pp. 1-97 in *The Zoology of the Voyage of H.M.S.* Beagle*: Under the Command of Captain FitzRoy, R.N. from 1832 to 1836*, edited by C. R. Darwin. London: Smith, Elder & Co.

Waters, M. R., T. W. Stafford, B. Kooyman, and L. V. Hills. 2015. "Late Pleistocene Horse and Camel Hunting at the Southern Margin of the Ice-Free Corridor: Reassessing the Age of Wally's Beach, Canada." *Proceedings of the National Academy of Sciences* 114:4263-67. doi:10.1073/pnas.1420650112.

Westaway, K. E., J. Louys, R. Due Awe, M. J. Morwood, G. J. Price, J.-X. Zhao, M. Aubert, R. Joannes-Boyau, T. M. Smith, M. M. Skinner, et al. 2017. "An Early Modern Human Presence in Sumatra 73,000-63,000 Years Ago." *Nature* 548:322-25. doi:10.1038/nature23452.

White, A. W., T. H. Worthy, S. Hawkins, S. Bedford, and M. Spriggs. 2010. "Megafaunal Meiolaniid Horned Turtles Survived until Early Human Settlement in Vanuatu, Southwest Pacific." *Proceedings of the National Academy of Sciences* 107:15512-16. doi:10.1073/pnas.1005780107.

Whitney-Smith, E. 2009. *The Second-Order Predation Hypothesis of Pleistocene Extinctions: A System Dynamics Model*. Saarbrücken, Ger.: VDM Verlag Dr Müller.

Wilson, A. M., T. Y. Hubei, S. D. Wilshin, J. C. Lowe, M. Lorenc, O. P. Dewhirst, H. L. A. Bartlam-Brooks, R. Diack, E. Rennitt, K. A. Golabek, et al. 2018. "Biomechanics of Predator-Prey Arms Race in Lion, Zebra, Cheetah and Impala." *Nature* 554:183-88. doi:10.1038/nature25479.

Worthy, T. H., and R. N. Holdaway. 2002. *The Lost World of the Moa*. Bloomington: Indiana University Press.

Wroe, S., J. Field, R. Fullagar, and L. S. Jermin. 2004. "Megafaunal Extinction in the Late Quaternary and the Global Overkill Hypothesis." *Alcheringa* 28:291-331.

Wyatt, K. B., P. Campos, M. T. P. Gilbert, W. H. Hynes, R. DeSalle, P. Daszak, S. Ball, R. D. E. MacPhee, and A. D. Greenwood. 2008. "Historical Mammal Extinction Due to Introduced Infectious Disease." *PLoS One* 3 (11): e3602.

Zazula, G. D., R. D. E. MacPhee, J. Z. Metcalfe, A. V. Reyes, F. Brock, P. S. Drukenmiller, P. Groves, C. R. Harington, G. W. L. Hodgins, M. L. Kunz, et al. 2014. "American Mastodon Extirpation in the Arctic and Subarctic Predates Human Colonization and Terminal Pleistocene Climate Change." *Proceedings of the National Academy of Sciences* 111:18460-65. doi:10.1073/pnas.1416072111.

Zazula, G. D., R. D. E. MacPhee, J. R. Southon, S. Nalawade-Chavan, and E. Hall. 2017. "A Case of Early Wisconsinan 'Over-chill': New Radiocarbon Evidence for Early Extirpation of Western Camel (*Camelops hesternus*) in Eastern Beringia." *Quaternary Science Reviews* 171:48-57.

Zimov, S. A. 2005. "Pleistocene Park: Return of the Mammoth's Ecosystem." *Science* 308:796-98. doi:10.1126/science.1113442.

Zimov, S. A., V. I. Chuprynin, A. P. Oreshko, F. S. Chapin, J. F. Reynolds, and M. C. Chapin. 1995. "Steppe-Tundra Transition: A Herbivore-Driven Biome Shift at the End of the Pleistocene." *American Naturalist* 146:765-94.

Zutovski, K., and R. Barkai. 2016. "The Use of Elephant Bones for Making Acheulian Handaxes: A Fresh Look at Old Bones." *Quaternary International* 406:227-38. doi:10.1016/quaint.2015.01.033.